한국지리
이야기

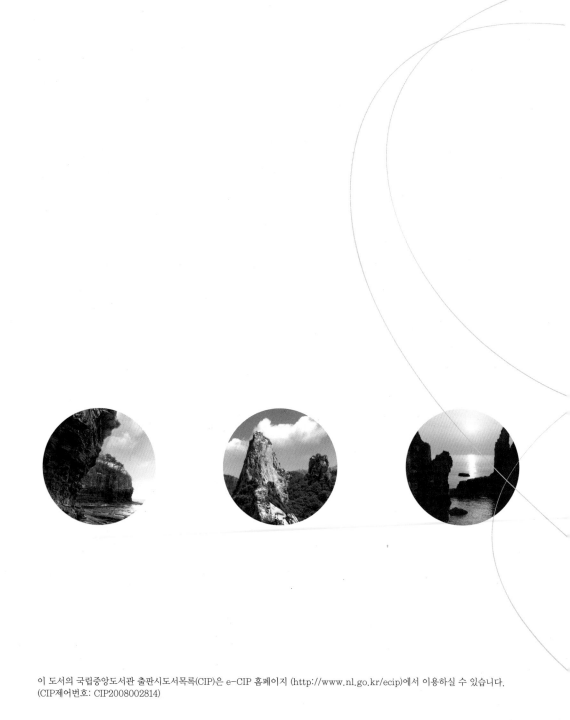

이 도서의 국립중앙도서관 출판시도서목록(CIP)은 e-CIP 홈페이지 (http://www.nl.go.kr/ecip)에서 이용하실 수 있습니다.
(CIP제어번호: CIP2008002814)

권동희 지음

한국지리 이야기

　요즘 들어 부쩍 "지리를 새로운 시각으로 보게 되었다", "지리가 이렇게 재미있고 중요한지 몰랐다"는 이야기를, 특히 지리학을 전공하지 않은 이에게서 듣게 되는데 그럴 때마다 지리학을 전공한 사람으로서 작은 보람과 행복감을 느낀다.

　이제는 지역 특산품도 '정선 찰옥수수' 처럼 '지리적 표시제' 에 등록된 상품만이 제값을 받는 세상이 되었고, '화천 산천어축제' 와 같이 지리적 특성을 살린 지역축제가 지역경제를 회생시키고 있다는 보도도 심심치 않게 들린다. 최근에는 '우리 고장 지리적 중심지 찾기 프로젝트' 를 추진하는 서울시청 관계자(이계문 · 채군석: 도시계획국 토지관리과)가 필자의 연구실을 방문해 서로 의견을 나눈 적도 있다. '지리' 가 자연스럽게 전문가와 비전문가 사이에서 소통되는 일상 언어가 되어가고 있는 것이다.

　이 책은 이러한 분위기에 힘입은 우리 마을, 우리 땅의 지리 이야기다. 과거 지리학이 '발견의 지리학' 이었다면 현대 지리학은 '인식의 지리학' 이라고 할 수 있다. '우리 마을, 우리 땅 한반도를 어떻게 보고 느낄 것인가' 에 대한 해답의 단서를 이 책에서 찾았으면 하는 것이 필자의 마음이다.

　이 책을 기획한 뒤 지난 몇 년 동안 필자는 전국을 누비며 주말을 보냈다. 그러면서 몸과 마음으로 느낀 '지리적 체험' 을 고스란히 한 장 한 장의 사진

속에 담았다. 지난해 가을에는 필름 카메라와 견줄 수 없는 경제성과 편리함의 유혹을 이기지 못하고 한 달치 월급을 털어 디지털 카메라도 마련했다. 그러나 몇몇 사진은 다른 분들의 도움을 받아야만 했다. 귀한 사진을 제공해주신 제주교대 정광중 교수, 성신여대 성운용 박사, 양구군청의 문정호 님 그리고 현장에서 사진촬영에 큰 도움을 주신 죽령터널 관리소 장태수 님께 지면을 빌려 감사 드린다.

답사를 다닐 때 드는 경제적 비용도 만만치 않다. 도서출판 한울 김종수 사장님의 파격적인 지원이 없었다면 아마 꿈도 꾸지 못했을 것이다. 이 기회에 다시 한 번 감사 드린다. 원고 마무리 과정에서 내 욕심을 부린 만큼 시간에 쫓겨 힘들었을 편집부 윤상훈 님에게도 감사와 죄송한 마음을 전한다.

이 책이 부디 우리 땅 한반도의 지리를 새롭게 인식하는 하나의 길라잡이가 될 수 있기를 기대해본다.

2008년 10월
권동희

C O N T E N T S • • • • • • • • • • • • • • • • •

제4부 풍토와 시간의 기록들

제5부 우리 마을 지리이야기

제6부 한국인의 지리인식

제1부

화강암의 세계
한반도

01
한반도 **암석 4형제**

우리가 살고 있는 땅 한반도의 고향은 오스트레일리아 북동부 남위 35도 부근의 열대 바다이다. 약 5억 년 전, 한반도는 남반구 중위도 열대지역의 얕은 바닷속에 있었으며, 현재 강원도 남부 지역에 많이 분포하는 석회암은 이때 만들어진 암석이다. 그 뒤 조그만 땅덩어리가 떨어져 나와 점차 북쪽으로 이동하기 시작했고 약 3억 년 전에는 적도 부근까지 올라왔다. 한반도가 지금의 북반구 중위도까지 올라와 멈춘 것은 약 2억 년 전의 일이다.

물론 한반도의 모양이 처음부터 지금 같지는 않았다. 한반도는 남부와 북부 두 덩어리로 나뉘어 있었고 이 둘이 합쳐져 하나의 한반도로 탄생했던 때는 중생대 쥐라기이다. 그중 한반도 남부는 오스트레일리아에서 올라온 것이고, 한반도 북부는 원래 중국(북중국)에 붙어 있던 것이다.

학자들이 가장 궁금해하는 것은 과연 어디에서 두 땅덩어리가 충돌했는지

| 한국지리 이야기 |

다. 다른 의견도 있지만, 지금까지 조사된 지질학적 자료를 근거로 추정해보면 그 장소는 임진강 일대일 가능성이 가장 높다. 이 임진강대는 북중국과 남중국의 충돌대인 칠링－다비－산둥 선과 연결될 가능성도 있다.

살아 움직이는 한반도 역사는 암석 속에 고스란히 기록되어 있다. 한반도에는 수많은 암석이 있지만 그중 한반도를 떠받치고 있는 주요 암석은 변성암인 편마암, 퇴적암인 석회암 그리고 화성암인 화강암과 현무암 등 네 가지다. 이 암석들은 한반도에 태어난 시기도 다르고 성격도 다르다.

각기 다른 시기에 다른 성질을 갖고 이 땅에 태어난 암석 4형제는 서로 다른 모습으로 우리 삶 속에서 함께 숨 쉬고 있다.

줄무늬가 아름다운 편마암 강화군 화도면 장화리 강화갯벌센터 해안
편마암은 변성작용에 의해 만들어진 고유한 줄무늬가 들어 있는 것이 특징이다. 이러한 특징 때문에 편마암은 조경석으로 많이 이용된다.

붉은색 토지의 어머니 편마암

한반도에 태어난 암석 4형제 중 가장 맏형은 편마암이다. 지질시대 중 약 30억 년 전, 즉 꽤나 오래전인 시생대에 태어난 암석으로 원래 한반도에 있던 퇴적암 등이 변성되어 만들어졌다. 편마암의 사촌 격으로 편암이라고 하는 암석이 있지만 주변에서 흔히 발견할 수 있는 것은 아니다.

우리나라의 산은 크게 암산(岩山)과 토산(土山)으로 구분되는데, 이 둘의 특징은 전적으로 그 산지의 암석이 무엇인지에 따라 결정된다. 금강산이나 설악산처럼 바위가 많은 암산은 화강암의 산물이며 대부분 흙으로 덮여 있고, 식생(植生)이 무성한 오대산이나 지리산 같은 토산은 편마암과 관련이 깊다. 또한 한반도를 상징하는 흙인 황토(적색토)는 바로 이 편마암이 풍화되어 만들어진 토양이다.

대리석의 고향 석회암

석회암은 한반도에서 편마암 다음으로 오래된 암석이다. 지질시대로 따진다면 고생대 초에 등장한 암석으로 주로 얕은 바다에서 퇴적되어 만들어졌다. 한반도 전체에서 차지하는 면적은 작지만 암석이 갖고 있는 특이한 성질 때문에 우리에게는 매우 주요한 자연환경요소라고 할 수 있다.

석회암은 자원이 빈약한 한반도에서는 대표적인 지질자원 중 하나다. 석회암은 시멘트 원료로서 귀하게 이용되지만, 석회암이 변성작용을 받아 만들어진 대리석도 고급 건축자재로 인기가 많다. 또한 고생대 이후 오랜 기간 물과 공기에 의해 풍화·침식된 석회암 지대는 카렌(karren)이나 석회동굴 같은 기

편마암의 선물 오대산 국립공원
화강암 산지와는 달리 기복이 심하지 않은 부드러운 경관을 보여준다.

묘한 지형경관을 만들어놓았다.

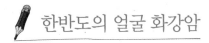 한반도의 얼굴 화강암

석회암에 이어 세 번째로 한반도에 탄생한 것이 화강암이다. 단일 암석으로는 한반도에서 가장 넓은 면적을 차지하니 한국을 대표하는 암석이라고 해도 될 듯하다. 수치로 따져보더라도 한반도 면적의 30퍼센트가 화강암으로 덮여 있다. 주변을 둘러보면 화강암과 관련되지 않은 것이 없다고 해도 과언이 아닐 만큼 화강암은 우리의 생활과 가장 밀착되어 있다.

공원 장식물이 된 석회암 기둥 영월군 한반도면 옹정리 옹정소공원
석회암이 풍화되고 남은 카렌이 자연스럽게 공원의 조경석으로 이용되고 있다.

석회암의 선물 대리석 정선군 북면 남곡리
사진은 우리나라에서는 유일한 대리석
채굴 모습이다. 이곳에서는 앞으로 약
500년은 너끈히 대리석을 생산할 수 있
다고 한다.

화강암은 뜨거운 마그마가 깊은 땅속에서 천천히 식으면서 만들어진 암석이다. 따라서 오랜 세월이 지나면 서서히 땅 위로 드러나게 되는데 그 과정에서 다양한 모양의 지형경관이 만들어진다. 한반도의 대표적 관광지인 금강산과 설악산, 그리고 서울의 북한산 모두 화강암의 산물이다.

건축재료로 쓰이는 화강암 채석장 익산시 황등면 황등리
황등은 우리나라의 대표적인 화강암 석재 산지로서 '황등 석재'의 품질은 오래전부터 널리 알려져 있다.

설악산의 울산바위와 흔들바위, 북한산 인수봉도 과거에는 땅속에 숨어 있던 거대한 마그마 덩어리였던 셈이다. 화강암이 없었더라면 우리의 자연은 얼마나 무미건조했을까?

서울은 화강암 덕분에 마치 한 폭의 그림처럼 아름답다. 외국인에게 서울에 와서 가장 인상 깊은 것을 물어보면 서울을 가로질러 유유히 흐르는 한강과 서울을 병풍처럼 둘러싸고 있는 웅장하고도 아름다운 화강암 봉우리라고 입을 모은다. 서울이 한국의 얼굴이라면 서울의 얼굴은 북한산인 셈이다.

한반도 화강암은 사실 이란성 쌍둥이다. 이들에게 붙은 이름은 대보화강암과 불국사화강암이다. 두 화강암은 같은 중생대에 태어났지만 대보화강암은 쥐라기, 불국사화강암은 백악기에 태어났으니, 굳이 따지자면 불국사화강암이 대보화강암의 아우다. 서울의 북한산은 대보화강암, 속초 설악산은 불국사화강암이니 덩치는 작지만 나이로 보면 북한산이 형님이 된다.

대보화강암의 선물 북한산 국립공원

🖉 화강암의 사촌 현무암

　현무암은 한반도 암석 4형제 중 가장 막내다. 그러나 중생대부터 신생대에 이르기까지 다양한 시기에 등장했기 때문에, 언제 탄생했는지를 기준으로 해서는 '막내'라고 부르기 어렵다. 그러므로 여기서 막내라는 뜻은 현재 한반도 지표면에서 발견되는 암석 중 가장 나이가 어린 암석이 현무암이라는 의미다.

　마그마가 땅속 깊은 곳에서 식은 것이 화강암이라면, 현무암은 땅 위로 올라와 공기나 물에 직접 접하면서 빠르게 식은 것이다. 현무암과 같은 모태에서 태어난 형제 암석으로는 안산암, 조면암, 화산쇄설암 등이 있지만 흔하지는 않다.

현무암은 단조로운 한반도 지형경관을 좀 더 흥미롭고 화려하게 장식하는 데에 결정적인 역할을 하고 있다. 백두산과 한라산, 철원 협곡 등은 현무암이 빚어놓은 자연예술이며, 울릉도와 독도는 조면암과 화산쇄설암의 작품이다.

현무암이나 안산암의 암석학적 특징은 기둥 모양의 주상절리가 잘 발달되어 있다는 점이다. 이 암석들은 형성된 직후 다양한 외부 환경과 접촉하면서 풍화 · 침식의 과정을 겪게 되는데 그 과정에서 다양한 지리적 경관이 만들어진다. 이 경관들은 화강암 일색인 한반도에서 매우 독특한 풍경을 연출하기 때문에 훌륭한 관광자원으로 이용되고 있다.

현무암과 파도의 합작품
제주 서귀포 주상절리 해안

현무암과 하천의 합작품
전곡 현무암 협곡

02
화강암의 선물
의정부 사과바위

　　　　　서울에서 의정부로 가는 길 왼쪽으로 보이는 것
이 환경문제로 논란이 많던 사패산이다. 도봉산의 한 줄기지만 크게 보면 북
한산 국립공원에 속하기도 한다. 그래서 예전부터 하나의 산이 세 가지 이름
으로 불려 사람들을 헷갈리게 하기도 했다. 이 산 동쪽 능선 중간쯤에는 멀리
차창을 통해서도 뚜렷하게 보일 정도로 거대한 바윗덩어리가 아슬아슬하게
걸려 있다. 바로 유명한 사과바위다. 의정부 사람들은 쪽바위나 반쪽바위라고
부르기도 하고 얹힌바위라고도 하는데 지리 공부하는 사람들 사이에서는 사
과바위로 통한다.

　의정부 사과바위는 화강암과 절리(節理), 그리고 풍화작용의 절묘한 합동작
품이다. 절리는 조인트(joint)를 옮긴 말로 단단한 암석에 금이 간 현상을 말한
다. 산에 올랐을 때 누구나 한 번쯤 이러한 현상을 바위 곳곳에서 본 적이 있
을 것이다.

땅 위나 땅속 바위에는 크고 작은 절리들이 무수히 발달해 있는데, 특히 화강암에서 잘 발달한다. 암석은 형성된 직후부터 계속 풍화작용을 받아 침식·운반·퇴적이라는 순환과정을 거친 뒤 일생을 마감한다. 이 과정에서 절리가 매우 중요한 역할을 한다. 절리가 잘 발달한 곳은 그렇지 않은 곳보다 쉽게 풍화되어 바위가 더 빠르게 부서지는 것이다. 이는 우리의 뼈에 금이 가거나 골다공증이 생겨 구멍이 숭숭 나 있으면 쉽게 부러지기 쉬운 것과 같은 이치다.

특히 땅속에서 지하수가 절리를 따라 침투하면 물과 접촉한 부분은 쉽게 풍화되어 약해지지만, 절리가 거의 없는 암석 부분은 둥근 형태의 암석이 그대로 남게 된다. 이를 핵석(核石)이라고 한다. 도로 건설 현장에서 포클레인으로 땅을 파헤치면 푸석푸석한 풍화물질 속에 단단하고 둥글둥글한 바위들이 박

화강암의 선물 사패산 사과바위
의정부 사람들은 반쪽바위, 쪽바위, 얹힌바위라고 부른다. 정확히 말하자면 반쪽사과바위라고 해야 할 듯하다.

혀 있는 것을 볼 수 있는데 이것이 바로 핵석이다.

핵석 주변의 풍화물질이 하천 등에 의해 제거되면 자연스럽게 핵석이 지표로 노출되어 기이한 모습의 바위가 만들어진다. 해골바위, 촛대바위, 솟을바위 등은 모두 이러한 유형으로서 이를 지형학 용어로 토르(tor)라고 한다. 토르란 오스트레일리아 원주민인 애버리지니(Aborigine)가 쓰는 말로 '공깃돌'을 뜻한다. 어렸을 적 갖고 놀던 공깃돌을 연상하면 이해하기 쉽다. 설악산의 흔들바위, 북한산의 해골바위, 사패산의 사과바위 등이 토르의 대표적인 예다.

절리는 모든 암석에 잘 발달하지만 환경변화를 심하게 겪는 화강암의 경우 가장 전형적인 형태로 발달한다. 그래서 절리 때문에 생겨난 기묘한 바위들은 주로 화강암인 경우가 많다.

03
휴휴암의 야단법석

　　휴휴암은 강원도 양양군 현남면 광진리 1번지에 위치한 대한불교 조계종 사찰이다. 원래 바닷가 절벽에 세워진 작은 절이었지만 최근 '바닷가에 누워 있는 관음보살'이 입소문을 타면서 일약 관광 명소가 되었다. 원래 절 이름은 '몸과 마음을 모두 놓고 쉰다'는 의미로 붙여졌지만 '바닷가에 관음보살이 누워 쉬고 계시는 절'이라는 의미가 더해져 더욱 유명해진 것이다.

　　바닷가 절벽에 자리 잡은 휴휴암의 첫 번째 매력은 우선 그곳에서 바라보는 동해 풍경이 일품이라는 점이다. 그리고 두 번째 매력은 바닷가에 자연적으로 만들어진 관음보살바위와 거북바위, 그리고 연화법당이 있어 야외에서 법회를 개최한다는 점이다. 연화법당은 수십 명이 동시에 법회를 할 수 있을 정도로 넓은 너럭바위로 바다 한가운데에 있어 독특한 분위기를 자아낸다.

연화법당으로 이용되는 바닷가 너럭바위

너럭바위를 이용한 휴휴암 야외법당

휴휴암의 주인공은 관음보살바위와 거북바위다. 관음보살바위는 바닷가에 누워 편히 쉬고 있는 형상이고, 거북바위는 바닷속에서 기어나와 부처에게 절을 하는 형상이라서 사람들의 눈길을 끈다. 야단법석(野壇法席)까지는 아니더

| 한국지리 이야기 |

라도 바닷가 너럭바위에서 드리는 불공은 보는 이에게도 매우 색다른 경험이다. 휴휴암은 화강암의 선물이다.

해안가 와불 형태의 관음보살 바위

한반도의 동해안 일대는 다른 곳에 비해 땅속 깊은 곳에서 풍화된 대규모 화강암 기반암과 핵석이 드러나, 특히 거대하고 기이한 바위들이 형성되어 있다. 땅 위로 드러난 뒤에도 바닷가에서는 파도의 침식작용으로 바위들이 더 다듬어지고 그 결과 현재의 바위들이 탄생했다.

이처럼 기묘한 바위들이 땅속 깊은 곳에서 만들어졌다는 증거는 연

관음보살 바위에 절을 하는 모습의 거북바위

화법당의 너럭바위로 들어가는 입구 오른쪽에 솟아 있는 탑바위, 즉 토르다.

휴휴암의 화강암 바위들은 지금도 끊임없이 풍화와 침식이 진행되고 있다. 그 증거가 바로 연화법당에 형성되는 갯지렁이 모양의 크고 작은 도랑과 움푹 파인 구멍들이다. 도랑 모양으로 파인 것은 '그루브(groove)', 작은 우물 모양으로 파인 구멍은 '나마(gnamma)'라고 부르며, 이들은 파도의 침식과 소금의 결정작용으로 인해 점점 커지고 있다.

토르라고 불리는 탑바위

너럭바위에 형성
된 그루브와 나마

04
동해안에 흩어진
거인의 공깃돌

　　　　　　동해안의 강릉과 속초 사이를 자동차로 달리다
보면 이색적인 경관을 볼 수 있다. 바닷가에 바로 인접해 거대한 태백산맥이
남북으로 달리고 있고, 태백산맥과 동해안 사이에는 아무런 장애물도 없이 탁
틔어 산과 바다의 경치를 모두 즐길 수 있다. 동해안에서 바라본 설악산 울산
바위도 절경이지만, 케이블카를 타고 권금성에 올라 내려다보는 푸른 동해안
풍경도 빼어나다.

　　그러면 어떻게 해서 이러한 지형경관이 만들어졌을까? 그 단서를 동해안에
흩어진 거대한 공깃돌에서 찾을 수 있다.

　　강릉과 속초를 연결하는 7번 국도 주변에서 흔히 볼 수 있는 경관 중 하나는
거대한 공깃돌 모양의 둥글둥글한 돌들이다. 사천 해수욕장 북단에는 이 공깃
돌이 거대한 무더기를 이루며 해수욕장의 경치를 더욱 돋보이게 하고 있다.
속초 영랑호 기슭을 따라 걸음을 옮기면 영랑호 리조트의 범바위를 비롯해 다

양한 모양의 거대한 공깃돌이 영랑호 주변을 장식하고 있는 것이 보인다. 바닷가에서 조금 내륙으로 들어간 소금강 계곡에서도 같은 모양과 크기의 둥근 공깃돌을 어렵지 않게 찾을 수 있다.

속초 영랑호 주변의 공깃돌
영랑호 리조트에는 화강암의 둥근 핵석이 자연스럽게 조경 재료로 쓰이고 있다.

강릉 사천 해수욕장의 공깃돌
지금은 바닷가이지만 먼 옛날 이 곳은 땅속 깊은 곳이었다.

동해안의 장관인 거대한 공깃돌들은 수백만 내지 수천만 년 전부터 땅속으로 수킬로미터 들어간 깊은 곳에서 만들어진 것이다. 땅속 깊은 곳에서 마그마가 식으며 만들어진 암석이 화강암인데, 이 화강암이 오랫동안 지하수에 의해 풍화를 겪게 되면 대개 부드러운 모래나 흙으로 변하고 그중 가장 단단한 부분만 계속 남아 둥근 공깃돌이 된다. 그 뒤 오랜 시간이 지남에 따라 여러 작용에 의해 풍화물질이 제거되면 안에 들어 있던 둥근 공깃돌이 우리가 현재 동해안에서 보는 것처럼 육지에 드러나게 된다. 이렇게 만들어진 공깃돌이 지리학 용어로 핵석인데 이 핵석이 단단한 바위 위에 올라앉아 있으면 흔들바위가 된다. 공깃돌 위에 쌓여 있던 많은 모래층은 하천에 의해 해안으로 쓸려가 지금의 멋진 백사장 해수욕장을 만들어놓았다. 동해안의 많은 해수욕장은 이

소금강 계곡의 공깃돌
바닷가에서 육지 쪽으로 조금 떨어진 산비탈에서 발견되는 것으로 공깃돌의 기원을 보여주는 좋은 증거가 된다.

강화도 동막 해수욕장의 공깃돌
동막 해수욕장 일대는 강화도의 유일한 화강암 지대로서 전형적인 백사장 해수욕장이 형성되어 있고 핵석도 발견된다.

렇게 만들어졌다. 그러나 백사장 해수욕장이 동해안의 전유물은 아니다. 서해안에서도 화강암이 분포된 지역에서는 공깃돌 모양의 핵석이 나타나고 해수욕장이 형성되었다. 강화도 마니산 남쪽의 동막 해수욕장이 좋은 예다.

CHAPTER 05

포천 **화강암** 아트밸리

다음은 2008년 3월 28일 저녁 8시, 〈KBS 뉴스 타임〉의 한 장면이다.

30년 동안 채석장으로 쓰이다 흉물스럽게 방치됐던 바위산이 산뜻한 문화공간으로 탈바꿈해 화제가 되고 있습니다. (중략) 경기도 포천에 있는 채석장입니다. 지난 1972년부터 30년 동안 이곳에선 돌을 캐는 소음과 먼지가 끊이지 않았습니다. 지난 2002년에 채석이 중단된 뒤엔 흉물스런 모습만 남았습니다. 그리고 지금 9만 9,000제곱미터의 울퉁불퉁했던 바위산은 거대한 예술 마을로 변신 중입니다. (중략) 예술마을이 본격적으로 문을 열면 거대한 화강암을 스크린으로 한 영화 상영은 물론 다양한 문화의 장으로 쓰일 예정입니다.

2008년 3월 28일 아침, ≪중앙일보≫에 "버려진 채석장, 문화 예술공간으로 부활"이라는 제목의 기사에 수록된, 새롭게 변신한 채석장 풍경 사진 한 장에 두 눈이 번쩍 뜨였다. 버려진 화강암 채석장을 이용한 야외 콘서트가 대성공을 거두었다는 일본의 사례를 봤던 적이 있고, 우리나라의 버려진 화강암 채석장도 이렇게 활용하면 좋겠다는 생각을 하던 터라 기대 반 호기심 반으로 차를 몰았다.

일본 구라하시 섬에는 유명한 화강암인 오다테이시(尾立石) 채석장이 있다. 이 지역의 젊은 예술가들이 이 화강암 채석장의 천연 무대를 이용해 한밤의 야외 콘서트를 기획한 적이 있다. 화톳불 옆에서 밤하늘의 별을 바라보며 즐기는 야외 콘서트에는 섬을 방문한 외지인까지 합해 1,000여 명의 관람객이 모여들었다. 이 행사는 산업경관의 하나인 채석장에 문화를 접목해 새로운 풍경을 만들어낸 기상천외한 시도로 주목받았다.

포천아트밸리는 아직 정식으로 개장되지 않아 지도에 나와 있지 않음은 물론이거니와 도로변에 표지판도 없었다. 다행히도 아트밸리를 잘 알고 있는

일본 구라하시 섬의 화강암 채석장 야외 콘서트 팸플릿 자료: 이케다 히로시(2002)

| 한국지리 이야기 |

**산 정상에서 내려다본 화강암 채석장
현장** 포천시 신북면 기지리
마치 거대한 마그마 저장소를 들여다
보는 것 같다.

**채석장 중 화강암 절벽을 이용한 야외
공연무대** 포천시 신북면 기지리
채석장의 수직벽을 이용해 자연스럽
게 무대를 조성했다.

호수와 암벽이 어우러진 화강암 아트밸리

지역 주민이 친절하게 길을 안내해주어 쉽사리 현장에 도착할 수 있었다.

　마무리 공사가 한창인 주차장에 차를 세웠다. 화강암으로 포장된 비탈길을 따라 힘겹게 산 정상에 올라 내려다보니 발아래 놀라운 지하암벽 세계가 펼쳐져 있었다. 마그마가 식어서 만들어진 지구 내부의 거대한 화강암 덩어리를 들여다보는 느낌이었다.

　경기도에서 100억 원을 지원받고 포천시가 50억 원을 부담해 수명을 다한 채석장을 아트밸리로 환생시키는 대역사의 현장이었다. 한 시간여 현장의 모습을 카메라에 담던 중, 우연히 포천시청 관계자(권혁관: 기획감사담당관실)와 〈KBS 뉴스타임〉의 김나나 기자를 만나 계획에도 없던 즉석 현장 인터뷰가 이루어졌다.

흉물스럽게 버려져 있던 화강암 채석장은 2008년 10월에 그야말로 환골탈태하게 된다. 채석장으로 진입하는 경사로 구간에는 모노레일을 설치해 일반 관광객이 좀 더 편하게 접근할 수 있게 하고, 계곡 물길을 돌려 인공 소폭포도 만들 계획이다. 포천시에서는 아트밸리를 건설함에 따라 745명의 고용유발효과와 연 189억 원의 경제파급효과를 누릴 것으로 기대하고 있다. 환경문제도 해결하고 새로운 지역경제도 살릴 수 있으니 일석이조인 셈이다.

예부터 건축자재로서 '포천 화강암'은 꽤 유명했다. 한국의 대표 암석 화강암의 특성을 잘 살려낸다면 이곳은 세계 어디에 내놓아도 손색없는 한국의 '자연사 박물관'이 될 것으로 확신한다. 세계적인 '화강암 아트밸리'의 본고장이 될 포천시를 기대해본다.

CHAPTER

06

호암사 100인굴과
세심천

의정부 호암동 범골 7길을 따라 경사가 심한 시멘트 포장도로를 오르면 그 끝자락에 호암사가 있다. 의정부 주민들의 단골 등산코스 중 하나다. 험준한 바위산으로 되어 있는 사패산 등산로에는 물이 귀하기 때문에 이곳 호암사 구내의 샘물이 오고가는 등산객들의 생명수다.

무심코 지나치기 쉽지만 시원하게 샘물을 받아 마시고 잠시 여유를 부려 몇 개의 계단을 오르면 작은 화강암동굴이 나온다. 그 위에는 소박하게 '세심천 (洗心泉)'이라 쓰여 있다. 그저 목만 축이고 가려던 속내를 들킨 듯해 마음이 뜨끔하다. 게다가 바로 위를 바라보니 큰 키에 금색으로 빛나는 부처님이 내려다보고 계신 것이 아닌가? 바로 두 손 모아 합장해본다.

다시 세심천 동굴 위로 난 계단을 따라 조금 오르면, 어른도 쉽게 드나들 수 있을 정도로 큰 화강암동굴이 호암사 아래쪽으로 크게 입을 벌리고 있다. 이곳이 바로 호암사 100인굴 입구다. 재미있는 것은 다른 동굴과 달리 이 동굴은

호암사 세심천 지금은 불당으로 쓰이는 세심천 동굴은 원래 맑은 샘물이 나오던 곳이었다. 그 물을 아래 너른 마당으로 끌어내어 여러 사람들에게 보시하고 있는 셈이다.

입구가 두 곳에 나 있다는 점이다. 동굴 안쪽에선 찬바람이 불어나오는데 더 안쪽으로 눈을 돌려보면 동굴 위쪽에 까마득히 작은 구멍이 하나 보이고 그곳을 통해 밝은 햇살이 동굴 가득 쏟아져 들어오는 것을 발견할 수 있다. 상부에 또 다른 동굴 입구가 있는 것이다.

하부 동굴입구에서 상부 동굴입구까지는 동굴 안의 경사가 심해 바로 오를 수는 없다. 호암사 대웅전을 돌아 등산로를 따라 한참을 걸어 올라가야

호암사 100인굴의 상부 입구

　한다. 등산로 옆으로 뚫린 상부 동굴입구로 가보면 어째서 이 동굴이 100인굴이라 불리는지 알 수 있다. 100명이 아니라 200명도 거뜬히 들어갈 규모의 동굴이다.

　호암사 100인굴은 우리나라에서 보기 드문 대규모 화강암동굴이다. 그리고 석회동굴처럼 수직굴이라는 점도 독특하다. 화강암동굴은 석회동굴이나 용암동굴과는 그 형성 과정이 전혀 다르기 때문이다.

　화강암은 다른 암석과는 달리 암석 속에 절리라고 하는 크고 작은 금이 많이 가 있는 것이 특징이다. 이 절리를 따라 물이 스며들면 바위와 접촉되는 부분은 풍화가 진행되면서 그 틈이 점점 벌어지고 커지는데 이 과정을 통해 거대한 화강암동굴이 만들어진다. 호암사의 너른 마당에 흐르는 맑은 샘물은 바위 속 지하수가 흘러내리다가 밖으로 나온 것으로, 이 지하수가 수백 년 내지

호암사 100인굴과 샘물의 근원인 화강암 암벽

수천 년에 걸쳐 풍화를 일으킨 끝에 지금의 100인굴을 남겨놓은 것이다. 자연의 신비에 감탄할 뿐이다.

CHAPTER **07**

진흙 속의 진주
강화 각시바위

바닷가에 가면 재미있는 이름으로 불리는 바위가 많다. 서해안 꽃지 해수욕장의 할미바위와 할아비바위, 동해 추암 해수욕장의 촛대바위, 제주도 서귀포 해안의 외돌괴 등이 그렇다. 이들의 공통점은 바닷가에 놓여 파도의 침식에 의해 만들어졌다는 점이다.

바닷가 바위 중에는 형태가 매우 독특한 것이 있는데 바로 갯벌바위다. 갯벌바위는 밀물 때는 영락없는 바위섬이지만, 썰물이 되어 물이 빠져나가면 마치 하늘에서 툭 하고 떨어진 돌무더기 같은 기묘한 형상으로 탈바꿈한다. 갯벌바위는 형태만 독특한 것이 아니라 보통의 바닷가 바위들과는 달리 만들어진 과정도 매우 흥미롭다.

강화군 화도면 분오리에 가면 갯벌 한가운데에 놓인 바위섬 각시바위가 있다. 각시섬이라고도 하고 각시여라고도 한다. '여'는 물속에 숨어 있는 바위, 즉 암초를 말하기 때문에 적절한 표현은 아닌 듯하다. 어쨌든 드넓은 갯벌 한

| 한국지리 이야기 |

가운데에 솟아 있는 이 바위섬은 먹이를 찾는 바닷새들이 날개를 접고 잠시 숨을 돌리기엔 안성맞춤이다. 특히 천연기념물인 저어새의 단골 쉼터로 알려져 많은 사람들이 관심을 갖게 되었다. 큰 바위와 작은 바위가 있는데 보통 각시바위는 큰 바위를 가리킨다.

이름 없는 갯벌바위 강화군 화도면 내리 후포항

　인근 마니산 자락에는 함허대사와 관련된 정수사와 함허동천(涵虛桐天) 계곡이 있는데 각시바위에는 함허대사와 관련된 애틋한 전설이 전해진다.

강화 각시바위 강화군 화도면 분오리

고려 말 정수사에서 수도하고 있던 남편 함허대사를 만나고자 먼 길을 마다하지 않고 아내가 찾아왔지만 끝내 뜻을 이루지 못했다. 아내는 이를 슬퍼하며 바다에 몸을 던졌다. 그러자 그곳에 바위 하나가 솟아올랐고, 이것이 지금의 각시바위라는 것이다. 이야기를 듣고 보니 바위 모양이 각시를 닮기도 했다.

그러나 마을 사람들 중에는 그 모양이 각시보다는 '군함' 같다고 하는 이들도 많다. 그리고 보니 바닷물이 들어왔을 때 풀 한 포기 없는 길쭉한 바위 무더기가 솟아 있는 모습이 기세 좋게 물살을 가르는 군함 같기도 하다.

사람마다 모양이야 달리 보일 수 있지만 강화 각시바위는 자칫 밋밋하고 지루해 보일 수 있는 갯벌 경관에 적절한 장식품 역할을 톡톡히 해준다. 천연기념물로 지정된 강화갯벌에 기묘하게 서 있는 각시바위, 그리고 그 바위에 기대어 살아가는 천연기념물 저어새가 아름답게 어우러진다.

08
분지의 나라

사방 천지가 산지로 둘러싸인 한국은 사람이 살 수 있는 공간이 매우 한정되어 있다. 평야가 없는 한국에서 우리가 살아갈 수 있는 유일한 공간은 산지로 둘러싸인 비교적 평탄한 분지뿐이다. 이 분지들 중에는 공룡이 살던 분지도 있고 산속에 있는 해안분지도 있다. 평야라고 불리는 분지가 있는가 하면 화산폭발로 만들어진 분지도 있다. 서울을 비롯한 도시들은 대부분 분지에 자리 잡고 있다. 다종다양한 분지의 나라, 바로 한국이다.

공룡의 낙원 경상분지

지형학적으로 경상분지란 경상남·북도는 물론, 위로는 강원도 태백 일대, 남으로는 전라남도 해남 일대를 포괄해 지칭한다. 한반도 남쪽 대부분을 차지

경상분지의 일부인 고성 상족암 해안 이곳은 중생대 호수 퇴적층(경상누층군 진동층)지대로서 당시에 번성했던 공룡 발자국 화석이 대량 발견되어 세계적으로 유명해졌다.

한다고 해도 될 정도로 거대한 분지다. 이 매머드급 분지는 과거 지질시대 중 중생대 쥐라기에 공룡들이 뛰놀던 호수나 늪지대로, 이 일대에서 흔히 발견되는 각종 공룡 화석이 그 증거다. 한반도 지도를 펼쳐놓고 공룡 화석이 출현한 곳을 표시한 범위를 경상분지라고 보면 된다. 이 분지는 대보조산운동이라고 하는 거대한 지각변동이 일어나면서 만들어졌다.

산속에 있는 해안분지

  한반도를 대표하는 전형적인 분지는 역시 해안분지다. '해안'이라는 단어 때문에 바닷가에 있는 분지인 것 같지만, 강원도 양구군 해안면(亥安面)의 행정 지명을 따서 붙인 이름이다. 이곳은 군사분계선 가까이 있어 접근하기가 쉽지 않은데도 이미 대한민국의 대표적 국민 관광지로 자리 잡았다.

  한국군이 관리하고 있는 을지전망대에서 내려다본 분지 모습은 그야말로 장관이다. 어떻게 이런 거대한 웅덩이가 만들어졌는지 감탄사가 절로 나온다. 이는 한반도를 구성하는 주요 암석인 화강암과 편마암이 만들어놓은 자연의 예술 작품이다. 분지를 둘러싼 산지는 편마암이고 가운데 움푹 들어간 거대한 웅덩이 부분은 화강암이다. 편마암 산지의 대표적인 산은 대암산(1,304미터) 인데 여기에는 우리나라의 대표적인 산지습지인 용늪이 자리 잡고 있다.

을지전망대에서 내려다본 해안분지 두 암석의 차별적인 풍화에 의해 이토록 거대한 분지 지형이 만들어진 것이다.

화산의 선물 나리분지

  강원도 양구에 있는 해안분지와 모양은 비슷하지만 태생은 전혀 다른 것이 바로 울릉도 나리분지다. 우선 해안분지가 오랜 세월에 걸쳐 천천히 만들어졌

울릉도 나리분지 밭에서 자라는 것은 울릉도 특산물 중 하나인 더덕이다.

다면, 나리분지는 비교할 수 없을 정도로 짧은 시간 동안에 만들어졌다. 나리 분지는 화산폭발로 만들어졌기 때문이다. 지구상에 존재하는 많은 지형경관들 중에는 눈 깜짝할 새에 만들어지거나 한순간에 사라지는 것들이 있는데, 이들은 대부분 화산활동과 관련된다. 화산폭발이 일어나면 단 하루 만에 거대한 산이나 웅덩이가 만들어지기도 하며, 우뚝하게 솟아 있던 산봉우리가 순식간에 사라지기도 한다.

호남평야, 나도분지

산지 국가인 한국에는 평야가 없다고 해도 과언이 아니다. 학창시절 평야의 대명사로 외웠던 호남평야조차 이름만 평야일 뿐 전체적으로 보면 하나의 분

| 한국지리 이야기 |

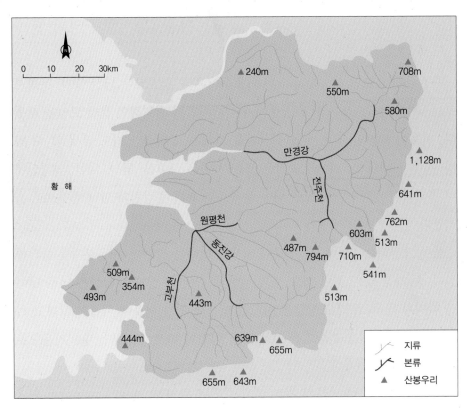

하계망으로 그려본 호남평야의 범위 자료: 류제현(2006)

지에 지나지 않는다. 정확히 말하면 이 분지도 하나로 이루어진 것이 아니라
서해로 흘러드는 만경강과 동진강 두 유역의 분지가 합쳐진 것이다. 두 하천
을 나누는 분수령이나 분지 내 지역은 대부분 낮은 구릉지로 되어 있어 윤곽
이 뚜렷하지 않다. 비교적 높은 구릉도 해발 50미터 정도이며 평야부는 평균
25미터의 낮은 구릉으로 되어 있다. 우리나라는 이러한 지역조차 평지로 간주
할 정도로 산악지형이 주를 이룬다.

　북한산에 오르면 서울분지가 한눈에 들어온다. 앞으로는 남산 줄기, 동쪽으로는 낙산, 서쪽으로는 인왕산 줄기가 이어지면서 전형적인 분지 모양을 갖췄다. 서울이 분지인 것은 서울 한복판을 흐르는 청계천만 봐도 금세 알 수 있다. 서울 시내를 흐르는 크고 작은 모든 하천은 북한산, 남산, 낙산, 인왕산에서 흘러나와 청계천에서 모인 다음 동쪽으로 흘러 중랑천과 만나 한강으로 흘러든다.

　물이 흐른다는 것은 다른 곳보다 지세가 낮다는 말인데, 서울분지를 둘러싼 산지 중 가장 낮은 곳이 바로 동쪽 낙산 부근이다. 실제로 낙산은 너무 낮아 산 같지가 않다. 우리 조상들은 이처럼 낮은 산지가 서울에 이롭지 않다고 하여 인위적으로 산을 만들기를 원했으니, 이것이 바로 흥인문을 흥인지문으로 고쳐 부르게 된 연유다.

　그러나 사실 '서울＝분지' 라는 등식은 이미 깨진 지 오래다. 오늘날의 거대도시 서울은 한양의 경계를 훌쩍 뛰어넘어 그 영역을 끊임없이 확장해가고 있기 때문이다.

남산에서 내려다본 서울분지

09
영서고원을 아십니까?

세계 지형을 크게 구분할 때 한반도는 그저 남북
으로 연결된 하나의 거대한 산맥으로 표시된다. 좀 더 세밀하게 구분한 경우
동해안을 따라서는 산(mountains), 서해안을 따라서는 구릉(hills) 등 두 가지로
묘사하고 있지만, 따지고 보면 이 둘 모두 한 식구다. 한반도에서 70퍼센트가
산지라고 일컫는 것은 이를 근거로 한다.

지구적 시각으로 보면 태백산맥, 소백산맥, 광주산맥 등을 애써 구분하는
것에 큰 의미가 없다. 한반도는 산지의 연속이기 때문이다. 도시는 산지 사이
사이의 골짜기와 좁은 평지에 형성되어 있는 셈이다. 한반도의 지명에서 가장
많이 등장하는 단어도 산과 관련된다. 우리 조상들이 백두대간을 신성시한 것
도 이러한 환경 때문이라고 할 수 있다. 배산임수를 강조한 전통적인 마을 입
지도 주어진 조건에서 최선의 선택을 한 결과이다.

산지 곳곳에는 오목하거나 평탄한 땅도 간혹 있는데 우리는 이를 분지나 고

남한의 대표적 고원 진안고원
해발 517미터 높이에 있는 마이산 나봉암 전망대에서 고원의 북서쪽을 내려다본 경관이다.

대관령 고위평탄면
강릉 쪽에서 바라보면 횡계 일대는 영락없이 고원처럼 보인다.

| 한국지리 이야기 |

원이라고 부른다. 고원은 주로 산지가 많은 북한지방에 주로 분포하며 개마고원, 백무고원, 풍산고원, 부전고원, 장진고원 등이 대표적이다. 개마고원은 한반도 제1의 고원이며, 백무고원은 백두고원과 무산고원이 합해진 것으로 두 번째로 큰 고원이다.

남한에서는 진안고원이 유일하게 고원으로 불린다. 진안에서 열리는 '진안고원축제'에는 지리적 냄새가 물씬 풍긴다. 유일하게 지형 명칭이 붙은 지역 축제일 듯하다. 그러나 북한의 지리학자들이 만든 책에는 남한에는 진안고원 말고도 '영서고원'이 있다고 소개되어 있다. 북한 지리학자들이 말하는 영서고원은 우리가 고위평탄면의 하나로 부르는 영서지방, 특히 원주-횡성 일대를 말한다.

흔히 강원도를 태백산맥을 경계로 강릉 쪽의 영동지방과 원주 쪽의 영서지방으로 구분한다. 크게 보면 영동은 태백산맥 동쪽 사면과 동해 바닷가 일대를 말하고, 영서는 태백산맥 서쪽의 대관령부터 원주-횡성 일대를 말하니, 고위평탄면보다는 영서고원이라는 말이 이 지형과 더 잘 어울린다는 생각도 든다.

제2부

땅보다 넓은 바다

10

부산은
동해인가, 남해인가?

　　　　　우리는 흔히 한반도의 바다를 동해, 남해, 황해(서해)
로 나눈다. 그러면 세 바다의 경계선은 어디일까? 결론부터 말하자면 명확하
게 규정된 경계는 없고 기관에 따라 기준을 약간씩 달리 정하고 있다. 그나마
황해와 남해를 구분하는 경계선은 어느 정도 통일되어 있다. 국립해양조사
원, 기상청 모두 황해와 남해를 구분하는 경계 기준점을 전남 해남군 토말로
정하고 있다. 그러나 생물지리학적으로는 절지동물 십각목을 기준 삼아 동
해, 남해, 황해, 제주의 네 구역으로 나눈다. 이때 남해와 황해의 경계는 목포
근해가 된다.

　동해와 남해의 경계는 기관마다 조금씩 다르다. 국립해양조사원의 경우 부
산 용호동의 오륙도 북방에서 직선거리에 있는 육지 '승두말'을 기준으로 삼
는다. 이 기준을 적용하면 부산 태종대나 다대포 해수욕장은 남해이고, 광안
리와 해운대 해수욕장은 동해가 된다. 일반적인 개념과는 다소 거리감이 있는

구분법이다.

국립수산진흥원은 울산시 울기등대를, 기상청은 부산과 울산의 행정구역 구분선을 각각 경계선으로 삼고 있다. 기상학적 관점에서는 부산이 남해에, 울산은 동해에 포함되는 것으로 보는 셈이다. 생물지리학적으로 동해와 남해의 경계는 영일만인데 이에 따르면 포항은 동해, 울산과 부산은 남해가 된다. 부산 기장군 해안가에 자리 잡은 해동용궁사를 동해와 남해의 기준으로 삼기도 한다. 해동용궁사는 수상법당으로 국내 3대 관음성지 중 한 곳으로 알려져 있으며 빼어난 일출 명소이기도 하다.

최남선이 ≪소년≫에 연재한 기사의 하나인 「봉길이 지리공부」에는 "동해안은 두만강에서 부산 이동까지, 남해안은 부산 이서에서 남해만까지, 서해안

바다 경계의 예
남해와 황해의 기준은 해남의 토말로 어느 정도 통일되어 있다. 그러나 동해와 남해의 기준은 기관마다 제각각이다. 이 그림에는 기상청에서 기준으로 삼는 경계선이 표시됐다.

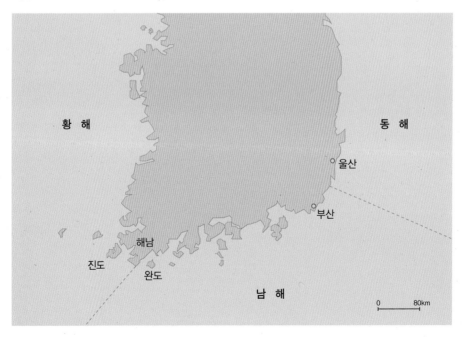

은 우수영 이북에서 압록강까지"로 정의해놓았다.

 그러나 국제수로기구(IHO)에서는 우리나라 연안을 동해와 황해로만 구분하고 있어 제주도나 거제도와 같은 남해안 섬 상당수가 국제적으로는 동해에 속하는 것으로 분류된다. 국립해양조사원 관계자는 "동해와 남해의 경계를 명확히 해 국제적으로도 남해를 인정받을 수 있게 할 방침"이라고 밝힌 바 있다.

CHAPTER 11

말 많은 동해,
펄 많은 황해

동해안은 다른 해안에 비해 해안선이 단조롭고 거의 직선에 가깝다는 특징이 있다. 이는 한반도 규모의 거대한 지각변동과 관련이 있다. 즉, 우리가 '경동지괴운동'이라 부르는 정단층 운동에 의해 바다 쪽이 아래로 침강하고 육지 쪽(태백산 중심)이 융기해 만들어진 것이 동해안 지형이다.

동해는 대양분지와 같은 성격의 순환체계를 가진다. 대륙붕이 전체 바다의 5분의 1을 차지하며 평균 수심은 1,543미터, 최고 수심은 4,049미터다. 규모가 크다 보니 지형요소도 다양해서 간단히 살펴봐도 깊은 해분, 얕은 대지, 해령, 해저 화산 등이 있다.

맑고 푸른 바다로 기억되는 동해지만 현실적으로 마냥 청명하지만은 않다. 복잡하게 얽혀 있는 국제관계 속에서 우리의 동해 지명이 하루빨리 제자리를 찾을 수 있기를 기대해본다.

맑고 푸른 동해
삼척시 원덕읍 갈남리 해안

드넓은 서해의 갯벌
태안 신두리 해안

육지와 섬을 연결하는 연육교 진도대교

남한 갯벌의 총면적은 4,500제곱킬로미터인데 이는 전체 국토의 약 4.5퍼센트에 해당한다. 그러나 실제 현장에서 관찰할 수 있는 갯벌은 이의 절반 정도다. 나머지 절반가량은 간척되어 육지로 변했거나 변하는 중이기 때문이다. 남한 갯벌은 대부분 전라남도, 경기도, 인천시 지역에 분포한다. 갯벌의 경제적 가치는 연간 10조 원에 이르는 것으로 추산된다. 최근 갯벌을 두고 개발 대상이 아니라 보존해야 할 자연유산이라는 인식이 강해지면서 보호지역으로 지정하려는 움직임이 생겨나고 있다.

갯벌이 넓은 것은 수심과 밀접한 관계가 있다. 황해도 동해처럼 분지 형태를 띠고 있지만 평균 수심은 44미터로 동해의 10분의 1 수준이다. 이러한 서해안의 얕은 수심은 인접국인 중국에서 유입된 오염물질이 점점 늘어나는 현상과 맞물려 황해의 적조현상을 심화시키는 요인으로 작용한다. 동해나 남해와 달리 삼면이 육지로 둘러싸여 조류의 흐름이 느린 것도 자정작용을 약화시키는 요인이 된다.

남해의 수심은 최고 228미터, 평균 100미터가량으로 동해보다 얕고 황해보다는 깊다. 수심은 제주도 남쪽에서 일본 쪽으로 가면서 갑자기 깊어진다. 통계청 자료에 따르면 한반도에 부속한 섬들은 4,000여 개이며 이들 중 대부분은 남해에 있다. 그리고 그중 2,000여 개는 남해 서부에 위치한다. 다도해란 바로 이 지역을 말한다.

해상국립공원으로 지정되어 많은 관광객들이 찾고 있는 다도해 지역은 최근 육지와 섬은 물론 섬과 섬을 다리로 연결하는 연육교·연도교 사업을 추진했다. 이를 통해 주민들의 편의를 봐주는 한편 이곳을 찾는 관광객들에게 또다른 볼거리를 제공하는 일석이조의 효과를 낳고 있다.

12
이어도의
화려한 부활

1900년 영국 상선 소코트라호는 제주도 남쪽 해상 150킬로미터(마라도에서 149킬로미터) 지점 해저 4.6미터 아래 잠겨 있던 암초를 발견한다. 그리고 이듬해인 1901년 국제 해도에는 이 배의 이름을 딴 소코트라 록(SOCOTRA ROCK) 암초가 등장한다.

이 암초를 해양과학기지로 활용하자는 움직임이 일기 시작한 것이 1990년대 중반이다. 그 결과 1995년에 구체적인 인공구조물 설치작업이 시작되었고, 8년 만인 2003년 6월 10일에 드디어 인공 섬을 완성해 '이어도 해양과학기지'가 수면 위로 드러났다. 이어도는 수심 40미터의 평탄한 암초 위에 15층 높이(수면 위 약 36미터)로 지은 철 구조물이다. 암초는 제주도처럼 동서로 긴 해저 섬인데 가장 얕은 곳은 수심 4.6미터 부분이고 수심 40미터 부근에서야 평탄한 면이 나타난다.

섬 이름인 이어도는 오래전부터 제주도 어민들 사이에서 죽은 뒤에나 가볼 수 있는 전설의 섬으로 알려져 있다. 제주도 민요 「이어도사나」는 고기잡이하러 나갔던 배들이 풍랑으로 돌아오지 못할 때 뱃사람들의 한을 달래려고 부른 노래다. 제주 해녀들은 물질하러 나갈 때 이 노래를 부르기도 한다. 제주도 전설 속의 섬 이어도가 21세기 현대 과학기지로 화려하게 부활한 셈이다.

이어도는 한반도 최남단의 해양과 기후를 연구할 수 있는 매우 중요한 기지다. 특히 이 지점은 태풍이 한반도로 들어오는 길목에 있어서 육지 상륙 10시간 전 기후 상황을 정확히 알려준다.

이어도는 일본 도리시마(鳥島)에서는 서쪽으로 276킬로미터, 중국 퉁다오(童島)에서는 동북쪽으로 245킬로미터 떨어져 있다. 우리의 마라도에서보다 훨씬 멀기는 하지만, 중국과 한국 사이에 영토 분쟁이 발생할 수 있는 해역이라는 점에서 이어도는 한국 영해를 국제적으로 홍보하는 역할을 맡고 있다.

그러나 중국의 도전도 만만치 않다. 중국은 이 암초를 쑤옌자오(蘇岩礁)라고 부르고 있고, 우리나라가 과학기지를 구축한 것에 대해 몇 차례에 걸쳐 문제를 제기한 바 있다. 게다가 중국은 지난 1999년부터 이어도에서 불과 4.5킬로미터 떨어진 곳의 암초를 찾아내 딩옌(丁岩)이란 이름을 붙이고 정부기록 문서에 공식 등재한 것으로 알려졌다.

이어도 해양과학기지가 건설되자 국토지리정보원에서 발행하는 국가지도에도 2006년부터 이어도라는 지명이 공식적으로 등장했다. 이제 지도상에서만 본다면, 비록 인공 섬일지라도 대한민국의 가장 남쪽은 마라도가 아닌 이어도가 되는 셈이다.

이에 따라 일부에서는 대한민국 최남단을 마라도가 아닌 이어도로 해야 한다는 목소리도 나오고 있다. 성급한 감이 있지만 마라도에 세워진 '최남단 비'를 없애는 것도 고려해야 한다는 주장이다.

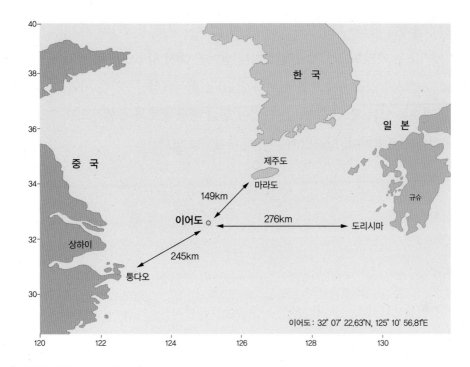

이어도의 위치 자료: 국립해양조사원, 저자 수정

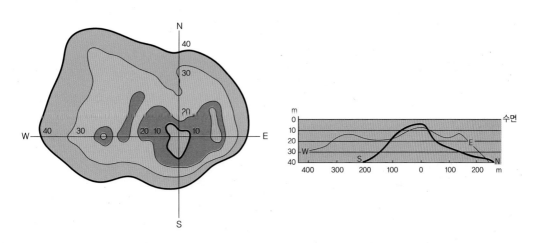

이어도의 형태 수면 아래에 위치한 이어도의 평면도(왼쪽)와 측면도 자료: 《동아일보》, 1991년 4월 11일자

    2009년에는 제2의 이어도가 탄생될 예정이다. 바로 서해안의 가거초 기지다. 가거초는 가거도에서 약 47킬로미터 떨어진 해저 암초인데 여기에 해수면 위로 26미터의 철골 구조물을 설치하게 된다. 한국해양연구원은 이어도-가거초-백령도를 잇는 황해 관측망을 만들어 황해 해양 정보를 종합적으로 수집·활용한다는 계획이다. 서해안이 새롭게 부각되고 있다.

13
백사장과 흑사장

　　　　　태안반도를 따라 남쪽으로 달리다 안면도에 들어서면서 가장 처음 만나는 해수욕장이 백사장 해수욕장이다. 해수욕장의 이름은 대부분 그곳의 지명을 따서 부르기 마련인데 이곳만큼은 독특하게도 그냥 백사장 해수욕장이다. '백사장'은 우리나라 해수욕장의 대명사 격이니 그것만으로도 홍보효과가 클지 모르겠다.

　백사장은 말 그대로 흰모래 해수욕장을 의미하지만 어떤 암석으로 되었느냐에 따라 종류가 다양하다. 백사장은 주로 화강암과 편마암의 산물이다. 이 두 암석은 한반도에서 가장 흔한 암석으로, 백사장이 해수욕장의 대명사가 된 것은 이 때문이다. 화강암이나 편마암이 풍화되면 겉보기엔 똑같은 흰모래 해수욕장이 만들어지지만 자세히 살펴보면 모래의 성질이 조금씩 다르다. 크기 면에서는 일반적으로 화강암 모래가 편마암 모래보다 입자가 더 크고, 성분 면에서는 화강암의 경우 석영과 장석이 많지만 편마암의 경우 상대적으로 석영 성

우도 홍조단괴해빈의 홍조단괴

협재 해수욕장 패사

분이 더 많이 함유된다. 특히 이산화규소(SiO₂) 함량이 많은 석영을 규사라고 한다. 안면도 해안 일대는 예로부터 우리나라에서 해안 규사를 채취했던 대표적인 곳이다.

백사장 중에는 생물체에서 비롯된 모래도 있다. 제주도 협재·중문·표선 해수욕장과 충남 대천 해수욕장은 조개껍질이 부서진 패사로 이루어졌으며, 천연기념물이기도 한 제주 우도의 홍조단괴해빈은 바다 생물인 홍조류에 의해 만들어진 홍조단괴가 부서져 형성되었다. 홍조단괴해안은 열대해안의 산호해안과 비슷하지만 기원 물질은 근본적으로 다르다.

백사장은 대부분 해수욕장으로 이용되지만 해수욕장 중에는 흑사장, 즉 검은 모래 해수욕장도 있다. 전남 여수의 만성리 해수욕장, 제주도 우도의 검멀래 해안 등이 대표적이다. 여수 만성리는 퇴적암, 우도 검멀래 해안은 화산암 때문에 흑사장이 되었다.

| 한국지리 이야기 |

안면도 백사장 해수욕장

우도 검멀래 해안의 검은 모래

14

동해 해산으로 환생한
조선의 검찰사 이규원

육지에 있는 지형지물에 이름이 부여되어 있듯 바다에
도 고유한 이름이 있다. 이를 해양지명이라고 하며 해양지명위원회에서 이를
담당해 관리하고 있다.

해양지명은 크게 바다, 수로, 암, 만과 같은 해상지형과 해저산맥, 해산, 해
령, 해구와 같은 해저지형으로 구분하는데, 최근 들어 해저지형에 관심이 높
아지고 있다. 국제수로기구에서는 보통 해저지형을 52개로 분류하고 있으나
우리나라는 우리 바다에서 관찰되는 지형을 중심으로 42개 형태로 분류해놓
았다.

해양지명위원회는 지속적으로 해저지형 조사를 통해 독립적인 지명을 부여
하는 작업을 진행하고 있는데, 현재까지 모두 18개의 해저지형에 이름을 붙여
두었다. 그리고 이 중 10개는 2007년 7월 모나코에서 열린 20차 국제해저지명
소위원회(SCUFN)에서 『국제해저지명집』에 등재하기로 결정했다. 이 10개 지

명 모두 동해 바닷속의 산이나 절벽에 한국식 이름을 붙여 국제적인 공인을 받았다는 점이 주목할 만하다. 앞으로 이 지명들이 국제사회 표준으로 쓰이게 되는 것이다.

『국제해저지명집』에 등록된 동해 해저지명은 강원대지, 울릉대지, 우산해곡, 우산해저절벽, 온누리분지, 새날분지, 후포퇴, 김인우해산, 이규원해산, 안용복해산이다. 주요 인물의 인명이 지명으로 사용되었다는 점이 특이하다. 사람의 이름 자체를 지명으로 쓰는 것은 흔한 일이 아니기 때문이다.

김인우와 이규원은 울릉도를 검찰하고 관리할 목적으로 파견된 조선시대 관리였다. 김인우는 섬 주민들의 거주 상태를 조사하고 이들을 육지로 이주시키기 위해 파견된 안무사였다. 이규원은 일본인의 울릉도 침입을 조사하기 위해 파견된 검찰사로서 울릉도 검찰일기에 그의 행적이 잘 기록되어 있다. 안

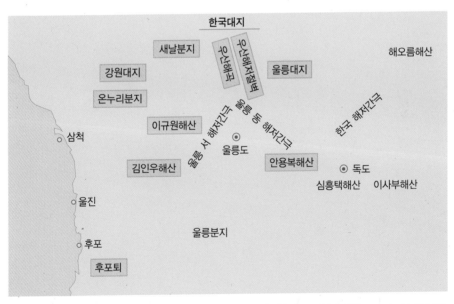

동해 해저지형의 분포 노란색으로 표기한 지명은 『국제해저지명집』에 등록된 것임. 자료: 국립해양조사원(www.nori.go.kr), 저자 수정

동해의 해저지형 자료 국립해양조사원(www.nori.go.kr), 저자 수정

구분	지명
해저대지	한국대지, 강원대지, 울릉대지
해저분지	울릉분지, 온누리분지, 새날분지
해산	김인우해산, 이규원해산, 안용복해산, 심흥택해산, 이사부해산, 해오름해산
해저간극	울릉 서 해저간극, 울릉 동 해저간극, 한국 해저간극
절벽	우산해저절벽
퇴	후포퇴
해곡	우산해곡

용복은 울릉도와 독도를 일본으로부터 지켜낸 조선시대 어부다.

동해의 해저지명이 우리 식으로 국제기구에 등재되는 것은 국제등재 업무가 시작된 1974년 이래 처음 있는 일이다.

15
독도는
섬인가 해산인가?

독도는 조선시대에 삼봉도라고 불렸다. 1473년에 독도를 조사했던 김자주가 '세 개의 섬이 있으며 모두 바닷물이 통한다' 고 보고한 기록을 근거로 한다. 그러나 앞으로는 독도를 '91봉도' 라고 해야 할지도 모르겠다. 국토지리정보원이 동도와 서도를 제외하고도 이 수역에 89개의 부속 도서가 있음을 공식적으로 밝혔고 그중 스물두 곳에는 이름까지 붙였으니 말이다.

중앙지명위원회는 최근 크기와 면적, 형태 등을 고려해 독도 주변의 크고 작은 바위에 숫돌바위, 부채바위, 삼형제굴바위, 코끼리바위, 탕건봉과 같은 새로운 이름을 붙였다. 육지지명은 측량법에 의해 중앙지명위원회에서, 해양지명은 수로업무법에 따라 해양지명위원회에서 붙이게 되어 있다.

그러면 이들 89개 도서를 왜 부속도서라고 하는가? 물 위로 드러난 부분만 보면 모두 독립된 것처럼 보이지만 사실 물속에서는 모두 하나의 몸체이기 때

관광객들을 태운 배가 정박할 수 있는 동도 해발 98미터인 동도는 독도에서 유일하게 배가 정박할 수 있는 곳이다. 동도 선착장 부근에서 관광객에게 20~30분간 관광할 수 있는 시간이 주어진다.

독도에서 가장 큰 섬 서도 독도에서 해발고도가 가장 높은 곳은 168미터인 서도다. 섬 전체가 화산섬으로서 경사가 매우 급해 26도 이상 되는 급사면이 전체의 약 80퍼센트를 차지한다.

새롭게 이름을 얻은 숫돌바위 동도 선착장과 동도 사이에 있으며 주상절리가 누워 있는 모습이다. 뒤쪽으로 탕건바위(왼쪽)와 삼형제굴바위가 보인다.

문이다. 이처럼 물속에 잠긴 화산체를 해산이라고 부른다.

독도는 약 460만~250만 년 전에 해저 화산폭발로 만들어졌다. 현재 물 위에 드러난 독도는 당시 만들어진 거대 해저 화산체의 극히 일부분에 지나지 않는다. 물밑으로는 서도보다 10배나 더 규모가 커서 높이가 1,900미터이며 바닥의 폭은 24킬로미터에 이르는 거대한 원추형 화산체가 자리 잡고 있다. 물 위의 서도까지 합치면 그 높이가 2,068미터로 1,950미터인 제주도 한라산 화산체보다 118미터나 더 높다. 한국자원연구소는 이 화산체를 독도해산(海山)으로 이름 붙였다. 독도의 주 섬인 서도나 동도는 이 독도해산의 꼭대기에 있는 봉우리라고 할 수 있다. 그러므로 독도는 섬이기도 하지만 해산의 일부이기도 하다.

최근 연구 보고에 따르면, 이 독도해산은 시기적으로 울릉도보다 먼저 만들어진 것으로 되어 있다. 섬의 나이로만 본다면 울릉도가 독도의 부속도서가 되는 셈이다.

새롭게 이름을 얻은 부채바위 동도 선착장에서 동도로 들어가는 오른쪽에 솟아 있다. 전형적인 화산쇄설암이다.

16
진도의
또 다른 기적 갯샘

진도는 신기한 섬이다. 고군면 금계리에서는 현대판 모세의 기적이라고 불리는 신비의 바닷길이 열리고, 바닷가 갯벌에서 약수가 솟기도 한다.

전라남도 진도군 임회면 죽림리 강계마을에 가면 갯샘이 있다. 마을 해안가 갯벌에서 솟는 염도 0의 맑은 샘이다. 1799년 마을 사람에 의해 우연히 발견된 뒤부터 1960년대 말까지 마을 주민들이 식수로 사용했던 마을 우물이다. 물론 지금은 뒷산 중턱에 관정을 뚫어 마을의 생활용수를 공급하기 때문에 주민들이 생활용수로 사용하지는 않지만 여전히 일부 주민들은 약수로 활용한다.

이 샘을 처음 발견한 사람은 '주비장'이라는 사람으로, 모래밭에서 맑은 샘이 솟는 것을 발견하고 샘 아래에 밑을 떼어낸 옹기 항아리를 묻어 샘을 만들었던 것으로 구전되고 있다. 한 가지 단점은 밀물 때는 사용하지 못하고 썰물 때만 쓸 수 있다는 것으로, 주민들은 마을 이름이 강계(江界)인 것도 이와 관련 있다고 믿는다.

갯샘은 밀물 때면 바닷속으로 사라지지만 썰물 때는 다시 수면 위로 드러나 맑은 샘물이 가득 찬다. 샘은 바닷가 해안도로에서 약 80미터 떨어진 갯벌에 있는데, 샘 주위에 굴들이 붙어 자연스럽게 육지의 작은 우물 모양을 하고 있다. 마을 주민의 말을 빌리면 이곳 갯벌의 깊이는 '삽 한 자루 길이'가 되는데, 그 밑은 붉은 황토층으로 되어 있다고 한다. 샘이 있는 곳이 다른 곳과 다른 점은 해안에서부터 길게 모래, 자갈, 진흙이 섞여 있고 여기에 굴이 다닥다닥 붙어 특이한 경관을 보여준다는 점이다.

죽림리 강계마을의 갯샘

| 한국지리 이야기 |

바닷물이 들어왔다가 바로 빠졌을 때는 염도가 높지만, 시간이 지나면서 민물이 솟게 되면 자연스럽게 바닷물을 제거해 마실 수 있을 정도의 샘이 된다. 세 번 정도 물을 퍼내 바닷물이 제거된 상태에서 샘물의 염도를 측정하면 0이 된다고 한다.

강계마을 도로변의 굴 판매점

남해안 자체가 과거보다 해수면이 높아졌음을 감안하면, 해수면이 지금보다 낮았던 옛날에 이 갯샘은 마을 산자락의 한가운데서 솟아났을 것이다. 현재 마을 뒤쪽으로는 457미터의 여귀산이 솟아 있고 이 산이 물의 공급처인 것으로 추정된다. 진도에서는 첨찰산(485미터)에 이어 두 번째로 큰 산이다.

겨울철에 갯샘 마을을 찾으면 해안도로를 따라 늘어선 굴 판매점에서 신선한 즉석 굴요리를 맛볼 수 있다. 갯샘이 가장 가까운 곳에는 '샘집'이 있고, 버스 정류장 옆에는 '승강장 굴 판매장' 간판도 보인다. 마을 앞바다에서 바로 건져 올린 굴이다. 여름철에는 해안도로변의 소나무 숲에서 한가로이 야영을 즐길 수 있다. 이 소나무 숲은 2007년 아름다운 숲 전국대회(마을 숲 부문) 공존상(우수상)으로 선정되기도 했다. 숲을 이루는 해송림 197본은 보호수로 지정되어 보호되고 있다.

제3부

한반도
생물지리학

CHAPTER

17
겨울이 싫은
나는 표준 한국인

　　　　　　　　미국인이 더워서 못 견디겠다고 하소연하는 것
은 27℃를 넘었을 때지만 한국인은 30℃는 넘어야 꽤 덥다고 느낀다. 이를 불
쾌지수로 표현하면 미국인은 80, 한국인은 83이 더위의 한계가 된다. 따라서
미국인은 쾌적한 환경을 만들기 위해 실내 온도를 비교적 우리보다 낮게 유지
하려고 한다. 우리가 미국인이 살고 있는 집에 들어서면 쾌적한 수준을 넘어
서늘하다고 느끼는 것은 이 때문이다. 그렇다고 미국인이 추위에 강하다는 뜻
은 아니다. 미국인은 더위도 추위도 잘 견디지 못한다.

　한국인은 더위보다 추위에 따른 스트레스를 더 많이 받는 것으로 알려져 있
다. 즉, 미국인에 비해 더위는 잘 참을 수 있지만 추위에 대해서는 그렇지 않
다는 뜻이다. 우리 민족의 전통적인 생활방식이 겨울 위주로 발달해온 것도
이와 맥락을 같이한다. 김치, 솜바지와 솜저고리, 흙벽돌과 초가집, 온돌구조
는 모두 겨울과 관련해 만들어진 우리의 전통문화다.

한반도는 추운 겨울과 더운 여름의 구분이 뚜렷하므로, 이에 잘 적응하고자 계절에 따라 그 기후에 맞는 옷으로 갈아입는 문화가 발달했다. 그러나 근본적으로 한복은 여름보다는 겨울의 추위를 막는 데 역점을 둔 북방계 복식이다. 전통 한복을 보면 신체의 노출을 최소한으로 하고 여러 벌을 겹겹이 껴입는 것이 특징이다. 북방계 고유의 의복 양식에 남아 있는 이러한 특징은 추위를 견디기에는 알맞지만 더위에는 적합하지 않다.

북방계의 얼굴
얼굴형이 갸름하며 눈이 작고 눈썹은 흐릿하다.

복식뿐 아니라 얼굴도 절반이 넘는 한국인이 북방계(알타이계)에 속한다. 조용진(한남대 교수)에 따르면 한국인은 얼굴 모양을 봤을 때 북방계와 남방계로 구분되는데 80퍼센트는 북방계, 20퍼센트는 남방계라고 한다. 북방계는 시베리아에서 빙하기를 보내고 1만 년 전 백두대간을 통해 한반도로 내려온 것으로 추정된다. 이와 달리 남방계는 1만 2,000년 전부터 순다열도 쪽에서 몇 차례에 걸쳐 한반도로 올라온 것으로 전해진다. 나이 따지기를 좋아하는 한국 사람 정서로 본다면 한반도의 터줏대감은 남방계인 셈이다.

사람은 덥지도 않고 춥지도 않은 기후를 좋아하므로 쾌적한 상태보다 춥거나 더워지면 스트레스를 받게 된다. 추위와 더위에 따른 한국인의 스트레스 값을 계산해 한반도 지도상에 표시해보면 남해안과 원산만, 그리고 울릉도 등지가 스트레스지수 90 이하로 가장 낮고, 개마고원 일대는 160 이상으로 가장 높다. 이는 한국인들의 기후 스트레스는 더위보다 추위에 의해 더 영향을 받는다는 말이 된다. 단, 제주도 남쪽 서귀포에서는 더위 스트레스가 비교적 높은 비율을 차지한다. 겨울이 정말 싫은 나는 표준 한국인임에 틀림없다.

18

베르크만의 법칙과
한국의 민족지수

정온 동물은 더운 곳에서 추운 곳으로 갈수록 그 체형이 커지게 되는 것이 일반적이다. 이때 대표적인 예로 거론되는 것이 바로 커다란 몸집의 북극곰이다. 그런데 최근 북극곰의 거대한 몸집이 점점 작아진다는 소식이 들린다. 전 지구적 규모의 기후 온난화로 인해 북극해 지역의 기온이 올라가는 것이 원인이라고 한다.

사람도 열대지방보다 냉대나 한대지방에 사는 사람들의 몸집이 더 크다. 러시아인은 필리핀인에 비해 월등하게 크고 우리보다도 몸집이 훨씬 크다. 이를 베르크만의 법칙(Bergmann's Rule)이라고 한다. 이는 체중과 체표면적의 상관관계로 설명된다. 즉, 체중은 키의 세제곱에 비례하고 체표면적은 키의 제곱에 비례하므로, 키가 같다면 체격이 클수록 체중에 비해 체표면적이 더 적게 증가한다.

보통 동물의 에너지 '발생량'은 체중에 비례하고, 에너지 '발산량'은 체표면적에 비례한다. 따라서 체격이 큰 동물은 작은 동물에 비해 에너지 발생량 대비 발산량이 상대적으로 적다.

전통적으로 한반도는 중위도 온대기후지역에 위치해 중국 북부 한족이나 만주족보다는 작지만 일본인보다는 크다. 베르크만의 법칙은 좁은 한반도 안에서도 적용된다. 한반도 남쪽 사람들이 보편적으로 작고 북쪽으로 갈수록 키가 큰 것이 특징이다.

오래전 통계이기는 하지만 사람들의 키를 측정한 1934년 자료를 보면, 남부(전남, 전북, 경북, 경남, 충북, 충남) 평균은 162.2센티미터, 중부(평남, 황해, 경기, 강원) 평균은 163.4센티미터, 북부(함북, 함남, 평북) 평균은 166.0센티미터로 조사되었다. 북쪽 사람들은 만주족 사람들과 비슷하다.

그러나 2008년 현재 한국 사람들의 키는 기후보다는 식생활습관에 의해 크게 변화되었고 교통이 발달함에 따라 지역 간 차이도 거의 눈에 띄지 않는다. 환경이 변화하면서 베르크만의 법칙을 적용하기 어렵게 되었다.

단, 환경이 변한다 해도 거의 변하지 않는 것이 있다. 바로 혈액형이나 지문(指紋)이다. 민족지수(인류계수)라는 것이 있는데, 이는 혈액형으로 민족을 구분하는 방식이다. 민족지수는 ABO식 혈액형에서 A형/B형의 비율로 계산되며, 민족지수가 2.0 이상이면 유럽형, 1.0 이하는 아시아·아프리카형, 그 사이가 중간형이 된다. 한국인들의 민족지수는 1.07로서 중간형에 속한다. 한반도에서도 차이가 있어, 북부는 0.98로 만주족에 가깝고, 남부는 1.25로 일본인과 가깝다. 베르크만의 법칙은 사라지고 있지만 민족지수는 여전히 이 땅에 남아 있는 셈이다.

19
밀양 재발견

✏ 대구의 기후지리

우리나라에서 가장 무더운 곳은 어디일까?

무덥다는 말은 단순이 온도가 높다는 것이 아니라 습도가 높아 매우 불쾌하게 덥다는 의미가 크다. 필자가 중고등학생이었을 때 가장 더운 곳은 대구라고 배웠고 이 지역은 특수기후 지역으로 분류되었다. 그러나 대구는 기온이 가장 높기는 하지만 진정한 의미에서 가장 '무더운' 곳은 아니라는 주장도 있다. 즉, 기온이 가장 높다고 해서 가장 무덥지는 않다는 것이다. 이에 따르면 가장 기온이 높은 대구지만 정작 '무더운 정도'에서는 이웃한 밀양에 밀린다.

그러면 무더운 정도의 기준은 무엇일까? 무덥다는 표현에는 기분 나쁘다는 의미가 포함된다. 우리는 보통 이러한 기분 나쁜 정도를 불쾌지수로 표현해왔다. 그러나 퍼센트로 표시되는 불쾌지수를 일반인들이 피부로 느끼기는 쉽지 않다. 기후학자들은 이러한 불편함을 해결하기 위해 열지수(Heat Index)라는 것을 만들어냈다.

열지수와 열대야

열지수는 표준체형인 사람이 평상복을 입고 그늘에서 몸으로 느끼는 정도를 뜻하며 섭씨온도로 표시한다. 이는 기온과 상대습도의 상관관계식으로 계산되는데, 열지수가 26.7°C를 넘으면 사람들은 불쾌감과 피로감을 느끼기 시작한다. 40.6°C를 넘으면 일부 사람들은 정신을 잃을 수도 있고, 54.5°C를 넘기면 생명을 잃는 사람도 나온다.

열지수는 열대야를 정의하는 데에 쓰이기도 한다. 열대야란 한밤중인데도 마치 덥고 습한 열대지방에 와 있는 것과 같은 상태를 의미한다. 수치를 기준으로 삼는다면, 밤이 되어도 한낮처럼 기온이 25°C 이하로 떨어지지 않을 때가 열대야다. 달콤한 잠에 빠져야 할 한밤중에 느끼는 25°C는 불쾌할 수밖에 없다. 그러나 사실 우리는 온도가 25°C이기 때문에 불쾌한 것이 아니라, 이에 더해진 습도 때문에 더 끈적거리고 매우 좋지 않은 기분을 갖게 되는 것이다. 열대야라고 해도 실제로 느끼는 불쾌감은 습도가 어느 정도인지에 따라 크게 달라지므로 습도를 고려한 온도, 즉 열지수가 열대야를 정의하는 기준이 되어야 한다는 것이 연구자들의 주장이다. 맞는 말이다.

이러한 기준에서 보면 열대야는 열지수 26.7°C 이상일 때가 된다. 열지수 26.7°C라는 수치는 온도 26°C에 습도는 55퍼센트일 때 나타난다.

기온(°C)	상대습도(%)												
	40	45	50	55	60	65	70	75	80	85	90	95	100
43	56.6												
42	53.7	57.5											
41	50.9	54.3	58.1										
40	48.3	51.3	54.8	58.5									
39	45.8	48.5	51.6	55.0	58.7								
38	43.4	45.9	48.6	51.6	55.0	58.6							
37	41.2	43.4	45.8	48.5	51.4	54.7	58.2						
36	39.1	41.0	43.1	45.5	48.1	51.0	54.2	57.5					
35	37.2	38.8	40.7	42.7	45.0	47.6	50.3	53.3	56.5				
34	35.4	36.8	38.4	40.2	42.2	44.4	46.8	49.4	52.2	55.2	58.4		
33	33.8	34.9	36.3	37.8	39.5	41.4	43.5	45.7	48.1	50.8	53.5	56.5	
32	32.3	33.2	34.4	35.6	37.1	38.7	40.4	42.3	44.4	46.6	49.0	51.5	54.2
31	30.9	31.7	32.6	33.7	34.8	36.2	37.6	39.2	40.9	42.7	44.7	46.8	49.0
30	29.7	30.3	31.0	31.9	32.8	33.9	35.0	36.3	37.7	39.1	40.7	42.4	44.2
29	28.6	29.1	29.7	30.3	31.0	31.8	32.7	33.7	34.7	35.9	37.1	38.4	39.7
28	27.7	28.0	28.4	28.9	29.4	30.0	30.7	31.4	32.1	32.9	33.7	34.7	35.6
27	26.9	27.1	27.4	27.7	28.1	28.5	28.9	29.3	29.7	30.2	30.7	31.3	31.8
26	26.2	26.4	26.6	26.7	26.9	27.1	27.3	27.5	27.7	27.9	28.0	28.2	28.4

열지수

자료: 최광용 외(2002), 저자 수정

밀양의 기후지리

　남동부 내륙지방에 자리한 밀양은 다른 지역에 비해 장기간에 걸친 높은 열지수를 좀 더 빈번하게 기록함으로써 남한에서 가장 무더운 생리기후적 극서지임이 밝혀졌다.

　구체적으로 살펴보면, 40.6°C 이상의 하루 최고 열지수의 연평균 발생빈도는 대구보다 밀양이 더 높은 것으로 나타났다. 30년 동안(1971~2000년)의 8월 기온을 보면, 평균 하루 최고 기온은 대구가 30.9°C로 밀양지역의 30.6°C에 비해 다소 높지만, 월평균 상대습도는 밀양이 78.7퍼센트로 대구의 74퍼센트에 비해 훨씬 높았다. 또한 1994년 7~8월 동안의 기온을 보면, 기온 자체는 대구가 밀양보다 대부분 높았지만 최고 열지수는 밀양이 대구보다 훨씬 높았다.

연구자(최광용 외, 2002)는 이러한 현상을 지형학적으로 설명한다. 즉, 여름철에 이류(移流)하는 무더운 기단이 함유한 많은 습기가 대구분지를 둘러싼 산지에 의해 차단되어 온도가 높은 대구지만 습도는 낮다는 것이다. 이에 비해 대구의 남쪽 평지에 개방되어 있는 밀양은 대구보다 기온은 낮지만 습도가 상대적으로 높아 하루 최고 열지수가 현저하게 큰 것으로 설명된다.

기상학적 극서지는 여전히 대구지만 생리기후학적 극서지는 밀양인 셈이다. 밀양은 '밀양 아리랑'에서 '밀양 얼음골' 그리고 영화 〈밀양〉으로 이어진 명성에 이제 '무더운 밀양'이라는 타이틀을 더 얻게 되었다. 2008년 3월 10일, 서울 낮 최고기온이 10°C일 때 밀양은 19.6°C로 전국 최고를 기록했다. 머지않아 극서지 타이틀도 대구로부터 가져올지 모르겠다.

20
사라지는 장마전선
그리고 8월 기청제

 조선시대 5월의 기우제

　가뭄이 극심해 비를 내리게 해달라고 지냈던 제사가 기우제(祈雨祭)다. 기우제 의식은 고대부터 있어왔고 고려와 조선시대를 거치면서 주요 국가 행사의 하나가 되었다.

　기우제의 형식은 여러 가지가 있었는데, 그중 하나가 성내 남문의 시장을 옮기고 북문을 열어놓는 행사였다. 시장을 옮기는 기우 방법은 삼국시대 이래 최근까지 전국적으로 행해졌다. 『삼국사기』에 의하면 진평왕(眞平王) 50년(628년) 여름에 큰 가뭄이 들어 시장을 옮기고 용을 그려 비를 빌었다는 기록이 있다. 예종(睿宗) 6년 7월에는 동현(銅峴), 즉 지금의 을지로 일대로 서울의 시장을 옮기고 숭례문(남대문)을 닫았다.

　그런데 인조(仁祖) 25년 6월에는 비가 너무 많이 내려 남문을 열고 북문을 닫았으며 시장을 옛 위치로 돌아가게 했다. 이는 기우와는 반대인 지우(止雨), 즉 기청제(祈晴祭) 행사였다. 기우제와 기청제는 우리 선조들의 음양사상에 토대를 둔 행사였다. 즉, 남문은 양의 기운이 강하므로 가뭄이 들게 하고, 반대로 북문은 음의 기운이 강해 비가 들게 한다고 믿었던 것이다.

조선시대 태종(太宗) 18년 동안 기우제나 기청제를 지내지 않은 해는 단 3년뿐이었는데, 기우제를 올렸던 달은 4~6월에 집중되어 있고, 반대로 기청제를 올린 달은 6~7월에 집중되어 있다. 전통적으로 봄 가뭄, 여름 장마에 시달렸음을 알 수 있다. 우리나라에서 가뭄과 홍수는 극복해야 할 중대한 기상현상이었고 이들이 집중된 4~7월은 백성들이 살아가기 몹시 힘든 기간이었다.

 ## 21세기에는 8월에 기청제

그런데 근대 과학문명이 최고도로 발달한 21세기에도 8월 기청제를 지내야하는 게 아니냐는 목소리가 있다.

우리나라의 장마는 보통 6월 말에 시작해 7월 말이면 끝나고 8월 초부터 무더위가 시작된다. 국민 대다수가 '휴가' 기간에 들어가는 것도 이 시기다. 이기간에 주요 피서지인 바닷가로 이어지는 영동고속도로와 서해안고속도로는 자동차 행렬로 넘쳐난다. 그런데 최근 들어 모처럼의 여름휴가를 망쳤다는 원망이 곳곳에서 들려온다. 장마가 끝난 8월에도 장마 못지않은 폭우가 쏟아진 것은 물론, 돌발적인 낙뢰(落雷)를 동반해 인명 피해도 심각했기 때문이다. 2007년 8월, 경기도 포천에서는 열흘 동안 651밀리미터라고 하는 '게릴라 물폭탄'이 쏟아진 적이 있다. 우리나라 연평균 강수량이 1,300밀리미터 정도니 1년 동안 내려야 할 비의 절반이 단 열흘 동안 쏟아진 셈이다. 물론 이러한 기후 리듬의 변화 현상은 농사에도 좋지 않은 영향을 준다.

 ## 한반도 위기의 장마전선

'8월 폭우' 현상을 '지구온난화에 의한 대기순환의 변화'로 설명하는 기후학자도 있다. 수치를 따져봐도 한반도의 강우 패턴은 달라졌다. 1973~1982년간 연 강수량은 1,234밀리미터였으나 1997~2006년에는 1,500밀리미터로 크게 늘었고, 이 기간 여름(6~8월) 강수량도 630밀리미터에서 846밀리미터로 늘었다. 그런데 이러한 여름 강수량 중에서도 7월 장맛비보다 8월 폭우 강수량이 더 많이 기록되었다는 점이 중요하다. 서울의 경우, 1987~1996년 사이 6~7월 평균 강수량은 579밀리미터로서 8~9월 강수량 434밀리미터보다 훨씬 많았지만, 1997~2005년 사이 6~7월의 평균은 481밀리미터, 8~9월은 705밀리미터로 반대가 되었다.

기상청은 이러한 기상현상의 변화에 따라 '장마'라는 말 대신 '우기'라는 말을 사용할 것을 적극 검토하고 있다고 한다. 2007년의 경우, 기상청에서 장마가 끝났음을 선언한 이후 15일가량 비가 집중적으로 더 내려 기상청을 당혹스럽게 한 일이 있었다. 그래선지 기상청은 2008년 여름기상예보에서 장마가 6월 17일에 시작되었음을 알리면서도 장마가 끝나는 시기는 '알 수 없다'고 밝혔다.

그러나 장마를 우기로 바꾼다고 해서 우리의 전통적인 농경문화가 하루아침에 바뀔 수는 없을 것이다. 벼가 익기 시작하는 8월의 비를 그치기 위해서도 우선은 현대판 '기청제'를 드려야 할지도 모르겠다.

21
생물기후의 법칙과
표준생물

기후의 영향을 가장 예민하게 받아들이는 것은 식물
이다. 식물의 성장은 기후, 특히 기온의 변화에 의해 결정되며 결국 계절에 따
라 식물의 모양이나 색깔이 자연스럽게 변화한다. 따라서 식물의 생육상태를
잘 관찰해보면 그곳의 기후 변화상태를 읽어낼 수 있다. 이처럼 기후상태를
파악하는 데에 기준이 되도록 정해놓은 식물을 표준식물이라고 한다.

우리나라 기상청에서는 표준식물군을 초목, 관목, 교목 등으로 구분해 각각
해당 식물을 정해놓고 관찰하고 있다. 초목으로는 오랑캐꽃, 할미꽃, 민들레,
백합, 코스모스, 국화 등이 있고, 관목으로는 매화, 개나리, 진달래, 무궁화 등
이 있으며, 교목으로는 벚꽃, 복숭아, 포플러, 밤, 아까시나무 등이 있다.

동식물의 활동 시기는 남에서 북으로 갈수록 위도 1도마다 4일 정도, 서에
서 동으로 갈수록 경도 5도마다 3~5일 정도 늦어진다. 이를 생물기후의 법칙
이라고 한다. 이 법칙에 따르면 남쪽으로 갈수록 꽃이 빨리 피며 같은 장소라

봄의 전령, 목련 동국대학교 서울캠퍼스, 2008.4.9
최근 기후 온난화로 인해 한반도의 봄꽃 개화일이 점점 빨라지고 있다. 사진은 필자의 연구실 앞 동산에 있는 목련으로 2007년
보다 약 20일 빨리 폈다.

도 서쪽보다는 동쪽에서 더 빨리 꽃이 핀다는 이야기가 된다.

생물기후의 법칙이 식물에만 적용되는 것은 아니다. 식물과 마찬가지로 동
물의 생태로도 계절변화를 파악할 수 있다. 동물의 생태는 여러 가지가 있지만
그중 가장 대표적인 것은 계절에 따른 이동이다. 이동 상태는 처음 출현한 시
기, 가장 번식이 왕성한 시기, 자취를 감춘 시기 등으로 구분해 관찰하곤 한다.

동물의 이동상태를 보면 계절의 변화상태를 읽어낼 수 있는데 이러한 지표
가 되는 동물을 표준동물 혹은 지표동물이라고 한다. 「흥보가」에 나오는 제비
와 기러기는 각각 봄철과 가을을 알리는 지표동물이다.

지표동물은 조류, 파충류, 양서류, 곤충류 등으로 구분된다. 제비를 비롯해
종다리, 뻐꾸기, 기러기 등은 대표적인 조류 지표동물이다. 파충류로는 뱀, 양

| 한국지리 이야기 |

서류로는 개구리, 곤충류로는 나비, 매미, 반딧불이, 귀뚜라미, 잠자리 등이 있다.

한반도의 기후는 지구온난화와 관련되어 지난 100년간 기온이 약 1.4°C 상 승했다. 이는 북반구 평균 상승률의 두 배에 해당된다. 이렇게 기온이 상승하 자 겨울이 짧아지고 개나리, 진달래, 벚꽃 등 봄을 알리는 식물의 개화시기도 갈수록 앞당겨지고 있다.

1973년부터 2004년까지 32년간 계절변화를 연구한 자료(최광용 외, 2006)에 따르면, 한반도에서의 겨울철 길이는 평균 10일 정도 짧아졌다. 1980년대 중 반 이후 남부지방을 중심으로 시작된 이 같은 '겨울 축소현상'은 1990년대 들 어 한반도 전체에 확대된 것으로 알려졌다.

22
고로쇠 vs 자작나무

　　　　　한반도의 봄은 피아골로부터 찾아온다. 피아골은 전라남도 구례군 연곡사에서 지리산 반야봉까지 약 20킬로미터의 계곡을 말한다. 피아골은 피밭골이 변한 것으로, 부근에 피밭〔稷田〕이 많다고 해서 붙은 계곡 이름이다. 계곡 입구의 고로쇠물 채취 마을 이름도 직전(稷田) 마을이다.

　지리산 피아골 일대는 고로쇠나무에서 나오는 약수로 유명하다. 고로쇠나무는 단풍나무의 일종으로 해발 1,000미터 높이의 산속에서 자란다. 원래 이름은 골리수(骨利水)로 뼈에 좋은 나무라는 뜻이다. 고로쇠물에는 당분, 칼슘, 마그네슘 같은 미네랄 성분이 많아 천연 약수로 알려져 있는데 골리수라 불릴 만하다. 고로쇠물은 정확히 말하자면 수액이다. 해마다 경칩을 앞뒤로 한 스무날쯤 동안 30~40년생 고로쇠나무 밑동에서 채취한다. 초봄이 되면 계절적으로 낮과 밤의 일교차가 커지면서 수액의 압력차가 생긴다. 이때 나무에 구멍을 뚫어놓으면 그 압력으로 수액이 흘러나오는 것이다. 이전에는 V자 모양

| 한국지리 이야기 |

으로 나무에 상처를 낸 뒤 거기에 산댓잎
이나 대롱을 끼워 물을 채취했으나 지금
은 자연훼손을 막기 위해 산림청에서 엄
격하게 채취기준을 마련해놓고 있다. 나
무의 나이에 따라 1~3개의 작은 구멍을
뚫어 채취하고 상처가 아물도록 유합제도
발라준다.

　피아골 입구의 직전 마을은 고로쇠 마
을로 알려져 있다. 꽃보다 먼저 봄을 알리

고로쇠나무 수액 채취 구례 피아골, 2008.3.22

고로쇠나무 정선군 아리리촌, 2008.5.8
일반인은 고로쇠나무에 나뭇잎이 돋기 전까지는 어떤 나무인지 잘 모른다.

자작나무 수액 채취 강릉시 연곡읍 부연동, 2007.4.21

는 것이 고로쇠이니 전국에서 가장 먼저 봄을 맞는 마을이라고도 할 수 있다. 마을 사람들 중에서도 채취허가를 받은 사람에 한해 한 그루당 2,200원의 임대료를 내고 물을 채취한다.

고로쇠나무 약수가 알려진 것은 삼국시대부터라고 한다. 당시 백제와 신라 병사들이 지리산에서 싸움을 하다가 목이 말라 샘을 찾았다. 그러나 샘은 보이지 않고 화살이 꽂힌 나무 한 그루에서 물이 흘러나오는 것을 발견하고 양쪽이 나눠 마셨다. 그러자 갈증이 풀리는 것은 물론이거니와 힘도 솟구쳐 올라 나중에 이를 자기 고장 사람들에게 알렸는데 이것이 고로쇠나무였다고 한다.

캐나다 국기에 등장하는 당단풍나무도 고로쇠나무처럼 단풍나무의 일종으로, 캐나다인도 고로쇠나무 수액을 애용한다. 캐나다의 특산품 중 하나인 메이플 시럽(maple syrup)은 당단풍나무 수액을 원료로 한 것이다.

3월 말에 고로쇠나무 수액이 나오지 않게 되면 4월 중순에 등장하는 것이 자작나무 수액이다. 곡우를 전후로 하여 나오기 때문에 곡우물이라고 한다. 미네랄 성분 면에서 고로쇠보다 우수하다는 평도 있다.

자작나무는 한자로 화(樺)라고 하는데 화목피(樺木皮), 화피(樺皮), 백화(白樺) 등은 자작나무의 다른 이름이다. 자작나무는 팔만대장경 제작에 쓰인 고급 목재로 알려져 있고, 자작나무의 얇은 껍질은 과거 촛불 대용으로 밤을 밝히는 데 유용했다. 지금도 결혼식을 표현할 때 '화촉을 밝힌다', '축 화혼'과 같은 표현을 하는데, 여기에는 밤을 환하게 밝히는 촛불처럼 결혼이 행복하라는 뜻이 담겨 있다. 화촉(樺燭)은 국어사전에 '자작나무 껍질로 만든 초'라고 되어 있다. 이 자작나무 수액에서 채취한 것이 바로 그 유명한 천연감미료 '자일리톨'이다. 핀란드 자작나무 수액은 세계적으로 유명하며, 관련 제품들도 많이 수입되고 있다. 박달나무, 거제수나무, 사스레나무 등은 모두 크게 보면 자작나무에 속한다.

23
태백산맥의 보물
금강소나무

소나무는 전나무와 함께 우리 땅의 역사와 함께해 온 한반도 대표 식물이다. 지금의 소나무는 지질시대에서도 중생대 백악기에 출현해 신생대를 거쳐 지금까지 이어져오고 있으니 살아 있는 화석인 셈이다. 소나무는 오랜 역사만큼이나 환경에 대한 적응력도 커서 한반도 전체에 걸쳐 해안에서부터 고산지대까지 고르게 분포한다.

이러한 소나무를 보고 자란 우리 민족은 생활 속에서도 소나무를 늘 가까이 했다. 전통 산수화에 빠지지 않고 등장하는 것은 물론이고, 애국가에도 '남산 위의 저 소나무'가 나올 정도다. 초등학교를 시골에서 다닌 사람치고 뒷동산에 송충이 잡으러 한 번쯤 가보지 않은 사람이 없을 것이다. 소나무, 가히 한반도를 대표하는 나무라 할 만하다.

2008년 2월 10일, 뜻하지 않은 화재로 우리는 국보 1호 숭례문을 잃는 아픔을 겪었다. 그리고 숭례문의 복원을 이야기하면서 자연스럽게 우리의 전통 소

강릉

삼척

봉화

울진

금강소나무의 분포 자료: 남부지방 산림청

치악산 구룡사 경내의 금강송

나무, 특히 금강소나무에 대한 관심이 커졌다.

한반도 소나무 중에서도 으뜸으로 치는 것이 바로 금강소나무다. 금강소나무는 말 그대로 금강산에서부터 설악산을 거쳐 태백산을 연결하는 태백산맥 구간에 분포한다.

금강소나무는 줄기가 곧고 재질이 단단해 목재로서는 최상의 품질을 자랑한다. 따라서 고궁과 같은 우리나라 주요 전통목재건물에는 금강소나무가 귀하게 쓰였다. 특히 지름이 1미터가 넘는 금강소나무는 대형 목재건물에서 전체를 지탱해주는 중심 기둥으로 쓰인다. 산림청이 전국 산지에서 금강소나무 21만여 그루를 공들여 가꾸고 관리하는 것도 각종 문화재를 복원할 때 사용하기 위해서다.

| 한국지리 이야기 |

24
춘양목과 황장목

　　　　　　금강소나무를 달리 부르는 이름으로 춘양목과 황장목이 있다.

　춘양목이라는 이름은 지명에서 비롯되었다. 춘양목은 태백산 일대의 금강소나무가 외부로 반출되는 주요 통로 중 하나였던 경북 봉화군 춘양면의 기차역인 춘양역의 이름을 딴 별칭이다. 우리가 종종 사용하는 '억지춘양'이라는 말도 나무꾼들이 전국 장터에서 저마다 자기 나무를 '춘양목'이라고 우겼던 데서 유래되었다는 설도 있다.

　황장목(黃腸木)은 금강소나무의 속이 황금빛이라고 하여 붙은 이름이다. 그러나 더 자세히 말하자면 금강소나무 중 특히 가운데 부분, 즉 심재(心材) 부분이 더 잘 발달했고 누런 색깔을 띠는 소나무를 말한다. 이 심재 부분은 바깥쪽 변재 부분에 비해 수분 함량이 적어 부피에 비해 가볍고 건조과정에서 변형이 적다는 장점이 있다.

일반 소나무와 금강소나무의 심재 비교

조선시대에는 황장목이 특별대접을 받았다. 즉, 황장목을 보호하고 안정적으로 공급하기 위해 산에 출입하는 것을 통제하는 제도를 시행했다. 이렇게 지정된 산을 조선 전기에는 황장금산, 숙종조 이후에는 황장봉산이라 칭했다. 그리고 이 산들을 보호하기 위한 표지로 황장금표나 황장봉표를 각각 세워두었다. 강원도 원주 치악산 국립공원 입구에 있는 것은 황장금표이고, 경북 울진군 소광리 장군터 옆에 세워진 것은 황장봉표다. 강원도에는 치악산 말고도 영월군 수주면 법흥 1리 새터마을 도로변, 인제군 한계리 폐사지 축대석에도 황장금표가 남아 있다.

황장봉계 표석은 영주-울진을 연결하는 36번 국도에서 소광리 금강소나무 생태경영림으로 진입하는 917번 지방도 도로변에 있다. 조선 숙종 6년에 소나무 벌채를 금하고자 세운 표석으로서 자연석에 '황장봉계 계지명 생달현 안일왕산 대리 당성 산직명길(黃腸封界 界地命 生達峴 安一王山 大里 堂城 山直命吉)'이라 새겨놓았는데, 이는 '황장목의 봉계지역을 생달현, 안일왕산, 대리, 당성 등 네 지역을 주위로 하고, 이를 명길이라는 산지기로 하여금 관리하게 한다'는 내용이다. 경상북도 문화재자료 300호로 지정되었다.

소광리 황장봉계 표석

치악산 황장금표 원주시 소초면 학곡리 치악산 국립공원 매표소 입구에 있다.

25
금강소나무
에코투어

최근 산림청에서는 현재 금강소나무가 잘 보전된 세 곳을 '금강소나무 생태경영림 에코투어'란 이름으로 일반에 개방했다. 바로 경북 울진군 서면 소광리, 봉화군 소천면 고선리, 영양군 수비면 본신리의 금강소나무 숲이다.

이 중 대표적인 곳이 소광리다. 소광리 금강소나무 생태경영림은 특히 유전 자원 보호림으로 지정되어 금강소나무 100만 그루가 보호받고 있다. 36번 국도 도로표지판 일부에는 '울진 금강소나무 군락지'로 표기해놓고 있다. 소광리 지역이 특히 숲 보전상태가 좋은 것은 36번 국도에서 13킬로미터나 떨어진 데다 지형 조건이 험준하기 때문이다. 이러한 지형조건으로 인해 울진 · 삼척 무장공비의 침투로로 이용되는 불행도 겪었다. 그 사건 이후 이 일대에서 삼림에 의존해 살아가던 150호의 화전민은 아래쪽으로 소개되었고, 지금은 몇호 남지 않았다.

소광리 금강소나무 생태경영림과 보호수

생태경영림은 하천변 곡저평야와 완경사 사면을 중심으로 조성되어 있다. 이 중 가장 오래된 나무는 525년 수령의 나무로, 조선조 성종 때 태어난 것으로 추측하고 있다. 지름은 96센티미터, 키는 25미터에 이른다. 이렇게 오랫동안 보호될 수 있던 것은 '금강소나무답시 않게 곧지도 않고 잘생기지도 않았기 때문'이라는 삼림관리원의 말에 공감할 만하다.

금강소나무에 버금가는 것이 안면도 소나무다. 금강소나무의 한 종류인데 안면송으로 잘 알려져 있다. 충남 태안의 안면도에서 자생한다고 해서 붙은 이름이다. 보통 바닷가에서 자라는 해송(흑송=곰솔)과는 성질이 다른데, 해송과는 달리 곧게 자라면서 재질이 단단하고 잘 썩지 않아 고려 때부터 궁궐이나 배를 만드는 데 사용되었다. 나무 재질이 해송보다 유연하고 모양이 여성을 닮았다 해서 여송이라는 별칭으로 불리기도 한다.

안면송이 밀집되어 있는 안면도 자연휴양림

CHAPTER

26
고야나무의 추억

내가 태어나 자란 강원도 횡성 산골에서 가장 흔한 과일나무는 고야나무였다. 집집마다 고야나무 한두 그루씩은 다 있었고 아예 고야나무로 울타리를 두른 농가도 적지 않았다. 고야는 내가 어렸을 때 가장 손쉽게 구하고 양껏 먹을 수 있는 맛있는 과일이었다. 텃밭 한 편에 한두 그루씩 서 있는 개복숭아 맛도 괜찮았지만 새콤달콤한 고야만은 못했다.

궁핍했던 농촌생활에서두 고야 인심만은 후했다. 그러나 지금 동네 과일가게에는 어릴 적 추억이 서린 고야는 없고 그 자리를 자두[紫桃]가 차지하고 있다. 고야는 크기가 작은 토종자두를 일컫는 강원도 사투리다.

우리 속담에 '오얏나무 아래에선 갓끈을 고쳐 매지 말라[李下不整冠]'는 말이 있다. 오해를 받기 쉬운 일은 하지 말라는 뜻으로, 특히 공직자의 적절하지 못한 처신을 경계할 때 잘 사용되는 말이다. '오얏'은 원래 '붉은색 복숭아'라는 뜻을 가진, 자두의 다른 표현이다. 한자명은 이(李)이고 꽃을 자두꽃, 즉 이

자두 과수원 김천시 남면 운곡리, 2008.4.18
김천은 우리나라 최대의 자두생산지로서 '자두산업특구' 로 지정되었다. 시에서는 '친환경 자두' 를 강조하고 있고 저농약 자두 재배를 권장한다.

화(李花)라 했다. 벚꽃과 비슷한 모양이지만 자두꽃이 조금 작다. 색깔과 이름은 배꽃〔梨花〕을 닮았지만 전혀 다르다.

자두의 원산지는 사실 중국이다. 잎은 타원형이며 4월에 흰색 꽃이 피고 7월에 노란색이나 자주색 열매가 열린다. 과일 가게에 일정 기간 진열되어 우리에게 계절변화를 말해주는 전형적인 계절과일이다. 자두는 대추, 밤, 감, 배와 함께 한국을 대표하는 다섯 과일 중 하나로서 제사에 쓰이는 과일이었다. 그래서 이 과일나무들을 능묘, 사찰, 저택 주변에 심는 풍속이 생겼다. '오얏나무' 가 속담에 등장하게 된 것도 그만큼 우리 주변에서 흔하게 볼 수 있었고 실생활에서도 여러 용도로 사용되었기 때문이다.

전통적인 한국의 가옥들은 앞쪽에 넓은 마당이 있고 뒤쪽에는 뒤란이라고 하는 작은 뜰이 있었다. 이때 뒤란에는 나무 한두 그루를 심곤 했는데 이를 뒤란 나무라고 한다. 봄에는 화사하게 무리지어 피어나는 흰 꽃을 감상할 수 있고 여름에는 시원한 그늘을 만들어주며 가을에는 달콤한 과일을 맛볼 수 있는 자두나무는 뒤란 나무로 제격이었다. 그 밖에 앵두나무, 배나무, 대나무도 훌륭한 뒤란 나무가 되었다.

| 한국지리 이야기 |

조선 왕조의 문양으로 이용된 자두꽃 김천시 남면 월명리, 2008.4.18
지구온난화 영향으로 봄꽃 피는 시기가 점점 빨라져 시간 맞춰 사진을 찍기 어렵다. 4월 중순이면 만개해 있어야 할 자두꽃이
그 전에 대부분 졌고 그늘진 곳 일부에만 늦게 핀 꽃이 남아 있다.

CHAPTER 27

조선 궁궐의
자두꽃 수수께끼

한국의 세계문화유산의 하나로 등재된 창덕궁에 가면 정전(正殿)인 인정전과 그곳으로 들어가는 인정문 용마루에 청동으로 만든 자두꽃 문양이 달린 것을 볼 수 있다. 인정전에는 다섯 개, 인정문에는 세 개가 있다. 우리의 전통 건축양식에서는 보통 이러한 용마루 장식이 없는데, 언제부터 자두꽃 문양이 등장했는지에 대해서는 잘 알려지지 않았다. 실제로 조선총독부에서 1902년부터 1904년까지 조선의 옛 건축물을 찍어 편찬한 사진집 『조선고적도보』에 실린 인정전 사진에는 이 자두꽃 문양이 없다. 창덕궁 외에도 덕수궁 석조전과 창경궁 대식물원에서도 자두꽃 문양이 발견된다.

어쨌든 이 자두꽃 문양은 대한제국 시절 황실 문장(紋章)으로 이용된 것으로 알려져 있다. 고종이 황제로 등극하고 대한제국을 선포하자 국가 상징인 문장을 조선왕조의 성씨인 이씨를 상징하는 자두꽃〔李花, 이화〕으로 정했다는 것이다.

물론 이 자두꽃 문양의 등장에 대해서는 조선 왕실의 자주적인 결정이라고

창덕궁 인정전 용마루의 자두꽃 문양

창덕궁 인정문 용마루의 자두꽃 문양

자두꽃 문양이 새겨진 덕수궁 석조전

창경궁 대식물원 출입문에 새겨진 자두꽃 문양

보는 견해와 일본이 한국을 '이씨 조선'으로 격하하기 위한 책략의 하나로 등
장했다는 견해가 있다. 세계문화유산으로 등재되었으니 사실이 좀 더 명확하
게 규명되어야 하지 않을까?

제4부

풍토와 시간의 기록들

28
무명 그리고
광목과 옥양목

　　　　　　무명은 삼베, 모시와 함께 우리의 전통 옷감이었다. 무명은 목화를 원료로 한 것인데, 목화를 재배할 수 있는 삼남지방을 중심으로 농촌에서 부업 삼아 만들어졌다. 이 무명을 가리키는 말로 광목(廣木)과 옥양목(玉洋木)이 있다.

　광목은 일제강점기 이후 공장에서 대량 생산되었다. 전통적으로 농촌에서 수공업, 즉 '길쌈'으로 생산되던 무명과 구분해 상대적으로 기계로 생산된 무명을 지칭하기 위해서 붙은 이름이라고 할 수 있다. 광목이라는 말은 베틀로 짠 전통적인 무명보다 폭이 넓은 데에서 유래했다.

　예부터 우리나라에서 무명을 수입해간 일본은 메이지 유신 이후 자국 내에서 기계로 짠 면포를 대량 생산하게 되었고 이를 계기로 우리나라에서도 이를 수입해 쓰기 시작했다. 그리고 급기야 일제강점기인 1917년에는 부산에 조선방직주식회사가 설립되어 기계로 짠 면직물이 대량 생산되기에 이르렀다.

옥양목(calico)은 원래 영국에서 수입한 면직물로서, 표백 가공된 상태가 옥처럼 깨끗하다고 하여 붙은 이름이다. 그러나 사실 이 옥양목의 기원도 영국이 아닌 인도다. '캘리코'라는 말은 인도 남서부 케랄라 주 코지코드의 옛 지명인 캘리컷(calicut)에서 생산된 면포를 지칭했던 것이다.

무명(왼쪽), 옥양목(가운데) 그리고 광목(오른쪽)

영국에서는 17세기 이후 동인도회사를 통해 이 캘리코를 다량 수입하기 시작했다. 우리가 수입한 옥양목은 영국에서 가공된 것이다.

그러나 지금은 옥양목이라는 말을 영국산이라는 의미보다는 실의 번수(番手)나 경위사의 밀도, 직물조직의 차이에 따라 광목과 구분해 사용하는 경향이 있다. 옥양목은 경사와 위사가 한 올씩 상하 교대로 교차되어 짜인 평직물로 광목보다는 고급품이며, 세탁이 쉽고 경제적이어서 계절을 따지거나 남녀를 구별하지 않고 널리 사용되었다. 1970년대까지 널리 쓰이던 아기 기저귀나 여성들의 생리대는 위생적이며 환경 친화적인 옥양목으로 만들어졌다.

옥양목은 곱게 짜였다고 하여 세면포(細綿布), 서양에서 들여왔다고 하여 서양포(西洋布) 또는 양포(洋布)라고도 한다. 옥양목이 인기를 끌자 전통적인 무명베 생산은 줄기 시작했다. 옥양목보다 품질이 낮아 성글게 짜인 것은 옥당목(玉唐木)이라고 한다.

CHAPTER **29**

마의태자와 안동포

　　　　　　　한국인이 겨울을 싫어한다는 것은 사실이지만 그렇다고 여름을 좋아하는 것은 아니다. 우리 선조들은 지혜로운 방식으로 무더운 여름을 잘 이겨냈다. 목화를 이용한 솜과 무명이 겨울철을 견디는 옷감이었다면, 삼복더위를 이겨내기 위한 여름 옷감으로 잘 알려진 것이 베와 모시다. 둘을 잘 구분하지 못하는 사람도 많지만, 어찌 되었든 통풍이 잘되어 한여름을 지내기는 그만이다.

　베와 모시는 어떻게 다른가? 우선 베의 원료식물은 대마(大魔)이고 모시의 원료식물은 저마(苧麻)다.

　대마는 중앙아시아가 원산지로 추위에 잘 견디기 때문에 한반도 어디에서든 잘 자란다. 따라서 대마를 원료로 하는 삼베는 한민족의 가장 보편적이고 대표적인 옷감이 되었다. 고대 일본 문헌에도 '삼베옷의 나라 신라'라는 기록이 있을 정도다. 마의(麻衣)는 서민의 옷을 말하는 대명사가 되었고, 서민은 겨

전통적인 안동포 제조 모습 안동시 임하면 금소리

울에도 마의를 입고 추위를 견뎌야 했다. 서민이 된 '마의태자' 이야기는 너무 유명하다.

안동포는 대마를 원료로 하는 삼베의 대명사다. 대마를 원료로 하는 마포, 즉 삼베는 지역에 따라 북포(北布), 강포(江布) 그리고 안동포(安東布)로 구분된다. 우리가 잘 알고 있는 것은 안동포다.

북포는 함경도 6진 지방에서 나는 아주 가는 세(細)삼베며, 영동지방에서 나는 거친 조(粗)삼베가 강포다. 안동포는 그 중간 정도의 삼베로서 영포(嶺布)라고도 한다.

북포만큼 여러 가지 이름으로 불리는 삼베도 없을 것이다. 군포(軍布), 원포(怨布), 발내포(鉢內布), 죽통포(竹筒布) 등 모두가 북포를 지칭하는 또 다른 이름들이다.

    군포는 여진족이 수복지역인 6진 지방에서 병역세인 군포로서 삼베를 거두어간 데서 비롯된 말이다. 주민들 입장에서 보면 세로 내야 하는 군포를 곱게 짤 필요가 없었으므로 매우 거칠고 질 나쁜 삼베를 만들어냈다. 세를 거두어가는 입장에서는 이러한 조포(粗布)를 없애기 위해, 세포(細布)를 짜는 경우 한 사람 몫을 세 사람 몫으로 쳐주고, 극세포는 6년간 군포를 대신해주기도 했다. 북포가 세포가 된 것에는 이 같은 아픈 역사가 있다. 원포라는 말에는 6진 부녀자들의 원한이 맺혀 있는 것이다. 발내포, 죽통포는 모두 북포가 매우 고운 것을 표현한 이름들이다. 발내포는 밥그릇 안에 모두 담을 수 있을 정도로 곱다는 뜻이며, 죽통포는 대통 속에 역시 한 필을 다 담을 수 있을 정도로 곱다는 뜻이다.

모시의 원료 식물인 저마 서천군 한산면 저마를 원료로 한 것을 모시 또는 저포(苧布)라고 한다.

대마에 비해 저마는 열대성 작물이기 때문에 추위에 약하고 뿌리가 어는 피해를 입기 쉬워 재배지역이 온화한 남부지방 일부에 국한된다. 전통적으로 모시가 삼베보다 보편화되지 못하고 고급 여름 의복감으로서 특수계층의 수요에만 국한된 것은 이 때문이다. 저마의 주 재배지는 충남 서천, 부여, 보령, 서산, 전북

저마의 잎을 이용한 모시떡 만들기 서천군 한산면

의 고창, 정읍, 경남의 하동 일대이나 그중 가장 유명한 곳이 '한산모시'로 알려진 충남 서천군 한산면이다.

현재 삼베와 모시는 특수한 목적에만 쓰이는 옷감으로 국한되어 생산이 많이 위축되었고 일부 지역에서만 지역의 전통문화로 명맥을 유지해가고 있다. 매년 7월에 열리는 '한산모시문화축제'가 좋은 예다. 모시의 소비 촉진을 위해 옷감은 물론 모시차, 모시떡 같이 다양한 제품을 개발해 지역 문화상품으로 판매하고 있으며 반응도 좋다.

30
코냑과 보성녹차

 지리적 표시제의 산물 코냑과 샴페인

상품의 품질과 맛이 생산지의 기후와 풍토 등 지리적인 특성으로 유명해진 경우 그 지리적 명칭을 지적재산권으로 인정하는 제도가 있다. 바로 지리적 표시제(GI: Geographical Indication)다. 이때 상품 명칭은 반드시 지역이나 특정 장소(산, 하천 등)의 지명을 붙여야 한다. 지리적 표시제를 시행하는 가장 중요한 이유는 향토의 지적 자산을 권리화하고 보호함으로써 지역산업을 발전시키기 위해서다.

지리적 표시제는 지구촌 내의 상품교류가 빈번해짐에 따라 자국 상품을 보호하기 위해 17세기경 유럽에서 등장하기 시작했다. 세계적으로 잘 알려진 지리적 표시제품은 코냑과 샴페인이다. 둘 모두 제품이 생산되는 지역의 이름이지만 상품명으로 굳어진 지 오래다.

코냑은 프랑스 남부 지방의 한 이름에서 비롯된 술이다. '신의 술'로 불리는 코냑의 원료는 일명 오드비(eau-de-vie: 생명의 물)라고 부르는데, 이는 와인을 2중으로 증류해서 얻은 포도원액이다. 따라서 오드비 1리터를 만들려면 보통의 와인 9리터가 필요하다. 그런데 모든 오드비가 코냑이 될 수는 없다. 프랑스 법에 따르면 오드비를 만드는 포도가 코냑 지방산일 때만 코냑이라는 이름을 붙일 수 있기 때문이다. 지리적 표시제 상품은 이를 일컫는다.

샴페인은 프랑스 상파뉴(Champagne) 지역에서 생산되는 '거품이 나는 와인'인 상파뉴의 영어식 명칭이다. 당시에는 기술이 부족해 당분이 남아 있는 상태에서 와인을 병에 넣는 경우가 많았는데, 병 속에 들어간 당분은 봄에 온도가 올라가면서 서서히 발효가 일어나고, 이로 인해 탄산가스가 만들어지는 일이 자주 발생했다. 결국 탄산가스가 포함된 와인이 자연스럽게 만들어진 셈인데 이러한 '톡 쏘는 듯한 맛'을 상품화한 것이 바로 우리가 마시는 샴페인이다. 오늘날 가장 유명한 샴페인 브랜드 '돔 페리뇽(Dom Perignon)'은 이러한 현상을 처음 발견한 오빌레 사원의 와인 제조 책임 수사의 이름이다. 포도가 생산되는 지역 중에서 가장 추운 지방인 상파뉴는 별 특징이 없는 와인을 생산하는 정도였으나, 우연하게 찾아온 지리적 현상을 이용해 전화위복의 기회를 잡은 셈이다.

그 밖에 제품 앞에 지명을 붙인 것으로는 프랑스의 보르도(Bordeaux) 포도주, 스코틀랜드의 스카치(Scotch) 위스키, 이탈리아의 파르마(Parma) 치즈, 쿠바의 아바나(Havana) 시가 등이 유명하다. 현재 유럽연합(EU)에는 약 700여 가지의 지리적 표시제 상품이 등록되어 있다.

대한민국 지리적 표시제 1호 보성녹차

　우리나라에서 지리적 표시제가 공식화된 것은 1999년 「농산물품질관리법」에 지리적 표시등록제도의 시행 근거가 마련된 뒤부터다. 2002년 보성녹차(1호)를 시작으로 이천쌀, 한산모시, 순창전통고추장, 그리고 보성삼베(45호)까지 모두 45개 농산물과 양양송이(1호), 구례산수유(15호)와 같은 임산물 15개 등 총 60개 품목(2008년 3월 현재)이 지리적 표시 상품으로 등록되었다.

　현재 국내에서 등록된 지리적 표시 상품명은 대부분 시·군의 지명을 제품명 앞에 붙이고 있다. 보성녹차, 양양송이, 광양매실 등이 그 예다. 그러나 일부는 한국 전체를 대표하는 명칭을 쓰고 있는데 고려홍삼, 고려백삼, 고려태극삼 등이다. 제주돼지고기는 제주도라고 하는 행정단위를, 울릉도삼나물, 울릉도미역취, 울릉도참고비, 울릉도부지갱이 등은 섬으로서의 울릉도를 내세우고 있다.

　현재 「농산물품질관리법」에 의한 지리적 표시는 국립농산물품질관리원에서 담당하고 있고, 「상표법」에 의한 지리적 표시 단체표장은 특허청에서 담당하고 있다. 기본적으로는 같은 제도지만, 농림식품부(「농산물품질관리법」)의 지리적 표시제가 품질관리에 중점을 둔다면, 특허청(「상표법」)의 지리적 표시 단체표장제는 명칭보호를

대한민국 지리적 표시제 농산물 분야 1호 보성녹차
지리적 표시제 도입 이후 보성녹차 생산량이 크게 증가했으며 지역 문화사업 전반에 걸쳐 긍정적인 기여를 하고 있는 것으로 조사되었다.

농산물						임산물	
1	보성녹차	16	강화약쑥	31	무안양파	1	양양송이
2	하동녹차	17	횡성한우고기	32	여주쌀	2	장흥표고버섯
3	고창복분자주	18	제주돼지고기	33	무안백련차	3	산청곶감
4	서산마늘	19	고려홍삼(전국)	34	청송사과	4	정안밤
5	영양고춧가루	20	고려백삼(전국)	35	고창복분자	5	울릉도삼나물
6	의성마늘	21	고려태극삼(전국)	36	광양매실	6	울릉도미역취
7	괴산고추	22	안동포	37	정선찰옥수수	7	울릉도참고비
8	순창전통고추장	23	충주사과	38	진부당귀	8	울릉도부지갱이
9	괴산고춧가루	24	밀양얼음골사과	39	고려수삼(전국)	9	경산대추
10	성주참외	25	한산모시	40	청양고추	10	봉화송이
11	해남겨울배추	26	진도홍주	41	청양고춧가루	11	청양구기자
12	이천쌀	27	정선황기	42	해남고구마	12	상주곶감
13	철원쌀	28	남해마늘	43	영암무화과	13	남해창선고사리
14	고흥유자	29	담양마늘	44	여주고구마	14	영덕송이
15	홍천찰옥수수	30	창녕양파	45	보성삼베	15	구례산수유

국내 지리적 표시 등록 상품(2008년 3월 말 현재) 자료: 국립농산물품질관리원, 산림청

대한민국 지리적 표시제 임산물 분야 15호 구례산수유

강조한다는 점에서 차이가 있다.

일단 지리적 표시제 품목으로 등록되면 홍보효과가 높아지는 것은 물론 상품명이 도용되는 것을 막을 수 있다. 1995년 세계무역기구(WTO)는 이 제도를 '무역 관련 지적재산권 협정(TRIPs)'에 포함시켰다. 우리나라는 WTO 무역 관련 지적재산권 협정에 가입하고 있기 때문에 국제적으로도 이런 사항을 보호받을 수 있다.

대한민국 지리적 표시제 농산물 분야 24호 밀양얼음골사과
뒤쪽에 보이는 곳이 유명한 밀양 얼음골이며 그 앞쪽에 사과 과수원이 있다.

| 한국지리 이야기 |

31
팥을 숭상한 민족

'콩 심은 데 콩 나고 팥 심은 데 팥 난다.'

속담은 그 민족의 삶을 단적으로 표현하는 것이며 속담의 소재는 그만큼 삶 속에 긴밀하게 녹아 있다. 우리 선조들의 삶에 깊숙이 자리 잡은 잡곡 중 하나 가 바로 팥이다.

팥은 우리 민족의 생로병사를 주관하는 곡식이다. 아이가 탄생하면 우선 일 주일에 한 번씩 수수팥단자를 만들어 돌렸고, 백일과 돌상에도 반드시 수수팥 단자를 올렸으며 이는 아이가 10살이 될 때까지 이어졌다. 그러다가 성인이 되어 혼례를 올릴 때도 상에 팥을 올려 자손의 번성과 가정의 화목을 기원했 고 이사할 때는 반드시 팥죽을 쑤었다. 동지 때 끓인 팥죽은 긴긴밤 동안 귀신 의 접근을 막았다. 초상집이나 상가에도 팥죽을 쑤어갔다. 정월대보름 오곡밥 에도 당연히 팥이 빠지지 않는다.

그러면 왜 이렇게 우리 민족은 팥을 숭상(?)하게 되었을까? 이는 정서적으로 팥의 고유한 색인 붉은색이 잡귀를 쫓고 액을 없애준다고 믿었기 때문이다. 팥은 콩과에 속하는 일년생 초본식물로, 동양이 원산이며 크기로는 소두(小豆), 색깔로는 적두(赤豆) 또는 홍두(紅豆)라고 불린다.

그러나 팥이 우리의 숭배 대상이 된 것이 단순히 색이 붉어서만은 아니며 팥이 지닌 과학적 성분 때문이라고 보는 것이 옳다.

팥의 주성분은 당질과 단백질이며 지방 함량이 적은 것이 특징이다. 팥의 전분은 삶아도 풀리지 않는 특징이 있어 예부터 떡이나 빵, 과자류의 부재료(소, 고물)로 많이 사용되었다.

팥의 대표 영양성분은 비타민 B1으로 곡물 중 최고다. 따라서 비타민 B1이 극히 부족한 흰쌀을 주식으로 삼는 한국인에게 부식으로서의 팥은 찰떡궁합인 셈이다. 팥죽은 물론 빵과 떡에 소나 고물로 팥을 넣는 것은 당질의 소화와 분해를 촉진시키는 효과를 지닌 비타민 B1의 효과를 이용한 것이다.

웰빙 식품의 유행과 함께 적포도주의 인기는 식을 줄 모른다. 이는 적포도주의 폴리페놀 성분이 혈관을 튼튼하게 하여 심장병 예방에 이롭기 때문이다. 그런데 팥의 폴리페놀 함유량은 적포도주보다 더 많다. 고속도로 휴게소에서 습관적으로 사먹는 국민과자인 호두과자는 포도주의 대체식품인 셈이다.

팥은 전통적으로 화장품으로도 이용되었다. 절세가인 황진이도 팥을 애용했다고 한다. 드라마 〈황진이〉가 인기를 끌면서 천연 소재를 활용한 옛 여인네들의 화장법이 관심의 대상이 되었다. 팥에는 피부를 깨끗이 닦아내는 사포닌이라는 성분이 풍부해 천연비누로 손색이 없다.

팥은 우리나라 중부지방을 중심으로 전국에 걸쳐 재배된다. 인건비가 상승함에 따라 수지 균형을 맞추기가 어려워 생산량은 줄고 있지만 제빵 등의 원료 사용량은 증가해 많은 부분을 수입에 의존하고 있다.

CHAPTER

32
천안호두과자와
경주황남빵

　　　　　　내 어릴 적 별명은 떡보였다. 떡 중에서도 팥시루떡을 제일 좋아했다. 달착지근한 팥고물의 맛을 생각하기만 해도 군침이 돈다. 팥칼국수도 별미고, 여름철에는 팥빙수 그리고 팥빙과류가 단골 메뉴다.

　　그러나 팥을 이용한 대표음식은 누가 뭐래도 천안호두과자, 황남빵 그리고 안흥찐빵이다. 이 중에서 가장 지리적인 음식은 무엇일까?

　　지금은 대한민국 국민과자가 된 호두과자의 원조는 천안 명물 호두를 이용한 '천안 학화(鶴華) 호두과자'다. 1934년 당시 스무 살이었던 심복순(95세) 할머니에 따르면 남편 조귀금 씨가 점포를 열어주면서 학처럼 빛나라는 뜻으로 '학화 호두과자'란 이름을 지어주었단다.

　　호두나무는 중국이 원산지이며 꽃은 4~5월에 피고, 9월에 둥근 열매가 익는다. 천안시 광덕면 광덕리에 있는 광덕사의 호두나무는 나이가 약 400살 정도로 추정되며, 호두나무 앞에는 이 나무에 얽힌 전설과 관련된 '유청신 선생

호두과자의 시조 천안 광덕사 호두나무

호두나무 시식지'란 표지가 세워져 있다. 약 700년 전인 1290년(고려 충렬왕 16년)에 영밀공 유청신 선생이 중국 원나라에 갔다가 돌아올 때 호두나무 묘목과 열매를 가져와 나무는 광덕사 안에 심고, 열매는 유청신 선생의 고향집 뜰앞에 심었다고 전해진다. 이곳 마을에서는 이것이 우리나라에 호두가 전래된 시초가 되었다 하여 이곳을 호두나무 시배지라 부르고 있다. 이 나무는 천연기념물 398호로 지정되어 있다. 원조 호두나무의 2~3세쯤 되는 최고령 호두나무들이다. 그 후 선생의 후손과 지역주민들의 노력으로 현재 광덕면 일대에는 약 25만 8,000여 그루의 호두나무가 심어져 있다.

어렸을 적에 호두과자 하면 자연스럽게 천안을 떠올렸다. 당시 호두과자는 그야말로 천안의 대표적 지리 음식이었다. 그러나 지금은 호두과자라고 하면 천안보다는 고속도로 휴게소를 떠올린다. 출퇴근 시간에 자동차가 정체되는 시간이 되면 호두는 들어 있지도 않은 '짝퉁' 호두과자가 어김없이 등장한다. 심지어는 특정 브랜드를 앞세운 호두과자 체인점도 생겼는데, 맛에서 보면 천안호두과자보다 낫다는 평도 받는다. 호두과자는 이미 천안의 고유 지리음식이 아닌 것이다.

이에 비해 황남빵은 빵이라는 보통명사에 황남이라는 지명이 결합되어 그 자체로 고유명사화되었다. 즉, 황남빵은 빵의 한 종류가 되었고 이를 만드는 곳은 한 곳밖에 없다는 말이다. 마치 '미원'이 조미료의 대명사가 된 것과 같다. 철저하게 지리적 음식이 된 셈이다. 황남빵이 경주시로부터 '경주시 특산명과', 행정안전부로부터 식품으로는 유일하게 '경상북도명품 제2호'로 지정받은 것은 바로 '지역특산물'이자 '문화재'로 인정받고 있다는 뜻일 게다.

황남빵은 그 가게를 지금 황오동으로 옮겼지만, 원래는 경주시 황남동에서 출발했다. 빵 속에 넣는 팥의 숙성과 수작업으로 만드는 과정이 황남빵 맛의 비결이라고 한다. 분점을 내지 않은 것으로도 알려져 있다. 이렇게 보면 황남

경주황남빵

빵은 명실상부하게 가장 지리적인 지역상품이라고 할 수 있다.

황남빵의 사촌 격으로 경주빵이 있다. 전국적으로 잘 알려지고 백화점에서도 쉽게 구입할 수 있는 경주빵은 황남빵 창시자의 제자가 출가해 만든 빵이므로 넓은 의미에서는 분점이라고도 할 수 있겠다.

호두과자는 호두 맛으로 먹는다. 호두가 없는 과자는 팥이 아무리 많이 들었어도 호두과자로서 인기가 없다. 모양만 호두를 흉내낸 과자는 일종의 '짝퉁'인 셈이다. 안흥찐빵조차 팥보다는 팥을 둘러싸며 적절히 부풀어 맛을 유지하는 밀가루 반죽에 맛의 비결이 있다고 한다. 그러나 황남빵은 팥 그 자체다. 황남빵은 팥 맛으로 먹는다. 바로 우리 민족의 정서에 깊숙이 자리한 팥을 내세운 식품이다. 내가 팥 음식 중에서 황남빵을 가장 좋아하는 이유이기도 하다.

CHAPTER **33**

올챙이 국수와
감자 옹심이

나는 강원도 촌놈이다. 어릴 적에는 강냉이와 감자를 주식으로 삼아 하루에 한 끼 정도는 해결했다.

강냉이는 옥수수의 사투리다. 서울 사람들이 강냉이를 튀밥, 즉 튀긴 옥수수라는 뜻으로 쓰는 경향이 있지만 강원도에서는 그냥 밭에서 나는 옥수수를 강냉이라 했고 튀밥은 '광정'이라는 사투리를 썼다. 강릉에서는 강밥, 화천에서는 강젱이라 하는데 아무래도 횡성에서는 같은 영서지방인 화천의 '강젱이'의 영향을 더 받았던 것 같다.

옥수수는 기후에 대한 적응력이 큰 덕분에 세계 곳곳에서 사람들의 주식으로 사랑받는 작물이다. 아프리카나 북한의 식량난을 해결하기 위해 적극적으로 옥수수를 보급하는 것에는 이러한 이유가 있다.

여름철에는 옥수수를 보통 통째로 삶아먹었지만 가끔은 별미로 생옥수수를 맷돌에 갈아 국수도 만들어 먹기도 했다. 그런데 옥수수만으로 만든 국수는 힘이 없어 국수가락을 뽑으면 마치 올챙이 모양이 되는데 이것이 바로 웰빙 바람을 타고 유명해진 강원도 '올챙이 국수'다.

어릴 적 추억 때문인지 지금도 옥수수나 감자로 한 끼 식사를 때우는 일이 종종 있다. 고속도로 휴게소에서 따끈따끈하게 쪄내는 감자떡도 별미고, 강원도 여행길에 들른 정선의 어느 허름한 분식집에서 맛보는 감자 옹심이는 변치 않는 고향의 맛이다.

강원도 산간지대에서의 씨감자 재배 홍천군 내면 자운리 갈골
강원도는 전국에 씨감자를 공급하는 역할을 하기도 한다.

CHAPTER

34
근대문화유산이 된
적산가옥

가옥은 한 지역의 지리와 역사의 산물이다. 가옥은
그곳에 사는 사람들이 자신의 사상을 자연과 접목해 만들어낸 하나의 문화유
산이다. 때로는 지리환경을 무시한 채 만들어진 역사적 유물로서의 가옥도 있
다. 이들은 처음에는 매우 낯설고 이질적이지만 시간이 흐른 뒤, 지구촌 감각
으로 다시 보면 훌륭한 볼거리이자 역사적 유산이 되는 경우가 많다. 우리나라
곳곳에 남아 있는 일제강점기의 흔적으로서 적산(敵産)가옥이 그 좋은 예다.

적산가옥은 개념적으로는 '한 나라의 영토나 점령지 안에 있는 적국(인)의
재산'이다. 우리나라의 경우 일제강점기를 거쳐 일본인들이 물러간 뒤 남아
있는 일본식 건축물이 이에 해당된다. 물론 해방 후 일반인들에게 불하된 많
은 가옥들은 엄밀히 말하면 적산가옥이라고 하기는 힘들다. 따라서 이 건축물
들은 '역사적 근대 건축물'이라고 해야 옳을 것이다. 적산가옥은 전국적으로
분포하지만 대표적인 도시로 군산시를 꼽을 수 있다.

군산시 내항 일대는 군산의 배후 시가지로 개발된 곳이다. 이곳의 지리적 특색은 전형적인 직교식 가로망에, 골목길마다 일본식 가옥들이 곧잘 눈에 띈다는 점이다. 특히 장미동과 신흥동 일대가 대표적이다. 100여 년이 지나 노후화된 건물이 많거니와 일제 잔재를 없애기 위해서라도 이른바 재개발을 하루빨리 추진해야 한다는 목소리도 높지만, 한편으로는 이들의 독특한 역사문화경관을 보전해 민족교육 및 관광자원으로 활용할 계획을 세워야 한다는 주장도 적지 않다.

군산 시내에 남아 있는 적산가옥은 모두 1900~1945년 사이에 지어진 것이다. 개인 주택도 있지만 독특한 건축양식의 은행, 세관과 같은 관공서 건물도 많다.

군산시 신흥동 골목안에는 '대한민국 근대문화 유산 183호'로 지정된 히로츠(廣津) 가옥이 있다. 이는 일본인 포목상 히로츠가 소유했던 것으로, 근세 일본 무가(武家)의 고급주택인 야시키(屋敷) 형식을 따른 대규모 목조주택으로 알려졌다. '근대문화유산'의 공식명칭은 문화재청에서 지정한 '등록문화재'로서 2008년 6월 현재 모두 373개가 등록되어 있다.

한편 장미동 현 군산세관 구내에 위치한 옛 군산세관 본관건물은 전라북도 기념물 87호로 지정되었고 2007년 12월 현재 문화재청 근대문화유산에 등록 예고되어 있는 상태다. 군산항을 개방한 조선은 1899년에 인천세관 관할로 군산세관을 설치했고 1906년에는 인천세관 군산지사를 설립했으며 1908년에 건물을 완공했다. 독일인이 설계했고 벨기에산 붉은 벽돌을 들여와 유럽식으로 건축했는데 한국은행 본점과 구조가 같다. 그러나 내부는 목조구조이며 지붕은 슬레이트와 동판으로 되어 있다. 현재의 군산세관 구내에 위치하며 호남 관세전시관으로 이용하고 있다.

이 적산가옥들에 대해서는 일본인들도 관심이 많은 것 같다. 일본의 ≪아사

근대문화유산으로 지정된 옛 히로츠 가옥 신흥동 구영 7길 31번지

관광객이 많이 찾는 옛 군산세관 본관 건물 장미동 내항 1로 군산세관

히 신문≫ 2008년 1월 8일자에서도 군산 적산가옥의 현황이 특집으로 실렸고 일본인 방문객도 많아졌다. 최근에는 내국인에게도 많이 알려져 버스를 이용한 단체관광객들이 많이 찾는다.

내항 사거리 모퉁이에 을씨년스럽게 서 있는 옛 조선은행 건물도 일제강점기를 대표하는 전형적인 적산가옥이다. 일반 유흥상가로 이용되다가 화재가 난 뒤 방치되어 있어 흉물스럽기도 하지만 규모나 구조를 따져봤을 때 관광 및 교육적 가치가 충분하다.

그런데 유독 군산에 적산가옥이 많은 이유는 무엇인가? 군산은 일제강점기에 서해 중부 지역의 관문 역할을 한 도시다. 호남평야의 쌀을 실어가기 위해

옛 조선은행 군산지점 건물 장미동 내항사거리
1932년에 지어졌으며 채만식의 소설 『탁류』에도 등장한다.

진포 해양테마공원 조성이 한창인 군산 내항의 현장 모습

군산항이 이용되었고 효율적인 쌀 운반을 위해 1907년에 우리나라 최초로 군
산-전주 간 신작로가 만들어졌다. 이 길은 지금 왕복 4차선 고속화도로가 되었
지만 그동안 전군가도, 번영로, 벚꽃백리길 등 여러 가지 이름으로 불려왔다.

 호남지방의 쌀을 실어가기 위해 붐볐던 군산 내항은 최근 많은 경관 변화를
겪고 있다. 외항 건설 이후 연안여객항으로 이용되다가 최근에는 진포 해양테
마공원 조성이 한창이다. 앞으로 이 해양테마공원이 완공되면 인근 적산가옥
과 같은 근대문화유산들은 훌륭한 역사적 관광자원으로 더 많은 가치를 지니
게 될 것이다.

35
아니 땐 굴뚝에
연기 나랴?
땐 굴뚝에도
연기 나지 않는다

한국 전통 가옥구조의 가장 큰 특징은 온돌구조다. 온돌구조는 불을 때는 아궁이, 연기가 통과하면서 방을 덥히는 구들 그리고 불이 잘 타고 연기가 잘 빠져나가도록 유도하는 굴뚝 등 세 가지 요소로 구성된다. 이때 외부에서 직접 관찰할 수 있는 것이 바로 굴뚝이다. 이는 우리나라 전통 가옥의 특징을 반영하는 가장 인상적인 가옥 구성요소 중 하나다.

모든 가옥구조가 그렇듯 굴뚝의 재료나 모양, 높이도 지역마다 다르다. 벽돌을 쌓아 만든 굴뚝, 통나무를 반으로 잘라 속을 파낸 후 세워 만든 통나무 굴뚝, 진흙을 쌓아 몸체를 만든 뒤 여기에 기왓장이나 이엉을 덮은 굴뚝 등 재료나 모양이 다양하다.

무엇보다 지역성이 강하게 나타나는 것은 굴뚝의 높이다. 북부지방이 4~6미터 정도로 가장 높고 중부에서는 2~4미터 그리고 남부에서는 0~4미터로 낮아진다. 굴뚝 높이가 0미터라는 것은 굴뚝이 없다는 말이다. 실제로 중부에

조선 궁궐의 벽돌로 만든 굴뚝 서울 창덕궁

굴뚝이 없는 제주도 전통가옥 제주시 애월읍 하거리, 사진 제공: 제주교대 정광중
사진의 앞쪽은 가옥의 부엌 쪽 측면으로서 두 개의 연기구멍이 보인다. 이는 굴뚝 대신 부엌에서 직접 연기
를 배출해주는 기능을 한다.

강원도 정선의 통나무 굴뚝 정선 아라리촌 저릅집

서는 민가의 30퍼센트가 굴뚝이 없고 남부에서는 50퍼센트 그리고 제주도에 이르면 60퍼센트의 민가가 아예 굴뚝이 없다.

제주도는 한반도의 가옥 중 특이하게 취사와 난방을 분리한 가옥구조를 보인다. 따뜻한 지역인 만큼 난방의 중요성은 내륙보다 낮으며 난방할 때만 '굴묵'이라고 하는 아궁이를 이용하는 데에 그친다. 가끔 이용하는 땔감도 내륙지방에서 사용하는 임산 연료가 아닌, 건조시킨 말똥이나 보리, 조 이삭 등이 주를 이루므로 굴뚝이 집을 지을 때 반드시 필요한 요소는 아니었다. 이 연료들은 나무를 땔 때처럼 연기가 많이 나지 않는다.

'아니 땐 굴뚝에 연기 나랴'라는 속담에는 땐 굴뚝에는 반드시 연기가 난다는 의미가 담겨 있지만 제주도에서만큼은 통하지 않는 것 같다.

36
한국인의 정신세계
담양 소쇄원과
창덕궁 후원

전라남도 담양군 남면 지곡리에 위치한 소쇄원
(瀟灑園)은 무등산 북쪽 기슭의 광주호 상류 전원풍경 속에 묻혀 있는 조선시대
의 정통 민간정원이다. 조선시대 선비 양산보(梁山甫, 1503~1557)가 스승 조광
조(趙光祖)의 억울한 죽음(을묘사화)을 겪은 뒤 출세의 뜻을 버리고 자연 속에
묻혀 살기 위해 지은 정원으로 1530년에 완성되었다. 소쇄는 양산보의 호다.

소쇄원은 자그마한 야산 기슭의 계곡 1,500여 평에 만들어진 것으로 계곡과
기암괴석이 어우러져 있으며 곳곳에 대나무숲과 소나무 · 버드나무 · 단풍나
무 · 창포 · 살구나무 · 동백 · 백일홍 등 22종의 나무가 우거져 있다. 경사면의
적절한 계단식 처리, 기능적인 공간 구획, 변화 있는 담장의 선과 같이 장식적
이면서도 자연의 멋을 살린 조경으로 보길도의 부용동정원과 함께 조선시대
정원 형태의 본보기로 여겨져 학술적 가치도 높은 것으로 인정받는다. 1983년
에 사적 304호로 지정되었다.

우리의 정원은 서구는 물론 중국이나 일본의 정원과도 상당히 다른, 특징적인 사상과 철학에 기초를 두고 있다. 서양 정원의 본질은 자연을 정복할 수 있는 대상으로 보며 인공적 · 직접적 · 시각적인 아름다움을 강조하는 데에 있다. 이에 반해 우리 선조들이 추구했던 이상적인 정원이란 사람이 자연 속에 깃들어 자연과 하나가 되는 곳이었다. 같은 동양권이지만 중국과 일본의 정원은 우리와 또 다르다. 중국 정원은 대륙을 다스리기 위한 힘을 반영해 억압감을 줄 만큼 규모가 크며 인위적 원색미가 강조되고 있고, 일본 정원은 축소적 인공미가 강조되어 있어 자연의 냄새가 나지 않는다.

소쇄원이 정통 민간정원이라면 창덕궁 후원은 정통 왕실정원이다. 이 후원은 북한산과 응봉(鷹峯)에서 뻗은 9만여 평의 산자락을 크게 변형시키지 않으며 자연스럽게 정원으로 조성한 것이다. 후원에는 한때 100여 채 이상의 누각

서울 창덕궁 후원 부용지 후원은 한국의 자연을 이용한 전통적인 한국식 정원이다. 부용지는 후원의 대표적 장소로서 부용정과 소나무가 어우러져 한 폭의 그림을 연상케 한다.

조선시대 정통 민간정원 담양 소쇄원

과 정자가 자리했으나, 현재는 누(樓) 열여덟 채, 정자 스물두 채만이 남아 있
다. 이 경관들의 특징은 정자의 규모가 작고, 시골 농촌에서 흔히 볼 수 있는
초가(草家)와 농막(農幕) 형태가 많다는 점인데, 이는 자연경관을 해치지 않으
면서 자연에 포근하게 안기려는 소박한 마음이 담겨 있기 때문이다.

CHAPTER **37**

21세기 실크로드
아시안 하이웨이

한남대교를 지나 경부고속도로로 진입하다 보면 'AH1'이라고 적힌 다소 낯선 도로표지판이 보인다. 아시안 하이웨이(Asian Highway) 1호라는 뜻이다.

총연장 14만 킬로미터인 이 고속도로는 아시아지역의 물적 · 인적 교류 확대를 위해 2005년 7월에 아시아 32개 정부 간에 합의되었다. 이는 일본-한국-중국-러시아와 카자흐스탄-인도-터키 등 32개 나라를 연결하는 55개 노선의 대륙 간 고속도로로서, 이 중 한반도를 통과하는 도로는 1번과 6번 등 2개 노선이다.

제1번은 '일본-부산-서울-평양-신의주-중국-베트남-태국-인도-이란-터키'로 이어지는 노선으로서 우리나라에서는 경부고속도로를 활용하게 된다. 북한 쪽에서는 휴전선을 지나 경의선 철도 노선을 따라 북쪽으로 올라가게 된다. 이 노선은 조선시대 한반도 주요 간선도로 중 하나였던 의주로에 해당한다.

제6번은 '부산-강릉-원산-러시아-중국-카자흐스탄-러시아 서부'로 연결되는 노선으로서 현재 동해안을 따라 개설된 7번 국도를 이용하게 된다.

아시안 하이웨이 협정국가에서는 2010년까지 자국 내 해당도로 표지판에 노선번호를 표기하는 것을 의무화하고 있

아시안 하이웨이 6호선 표지판 7번 국도 양양-속초 구간

다. 이에 따라 우리 정부에서는 현재 경부고속도로의 경우 서울방향과 부산방향 각 다섯 곳에 100킬로미터 간격으로 'AH'로 시작하는 노선번호를 표기해 놓았다. 동해안의 7번 국도에도 같은 형태의 도로 표시를 해두었다.

물론 이러한 아시안 하이웨이 구상은 당연히 남북 간 긴밀한 협력이나 더 나아가 남북 간 통일을 전제하는 것이다. 아시안 하이웨이가 구축되면 아시아 지역 국가 간 물적·인적 교류 확대는 물론 남북 간 도로망 연결로 교류협력 증진이 기대된다. '서울-평양-중국(선양)'의 620킬로미터를 이동하는 데에 7시간, '강릉-원산-러시아(하산)'의 914킬로미터를 이동하는 데에 총 10시간이 소요될 것으로 예상된다. 21세기 실크로드라 할 만하다.

38
대관령 옛길과
평해로

횟계를 모르는 사람은 없다. '리' 단위 지역이 이
처럼 유명해진 예도 드물다. 많은 사람들은 횡계의 행정단위를 리가 아니라
면이라고 알고 있을 정도다. 원래 행정단위는 강원도 평창군 도암면 횡계리였
고 많은 사람들은 '도암'은 몰라도 '횡계'는 알았다. 횡계가 이토록 유명해진
것은 순전히 대관령 때문이다.

대관령은 고위평탄면 지형으로서 스키장과 고원목장이 들어서 있는 '대한
민국 국민 관광지'다. 이 중심에 횡계가 있다. 평창군은 이 같은 현실을 반영
해 도암면의 행정명칭을 아예 대관령면으로 바꿔버렸다. 지명을 변경하는 과
정에서 대관령을 공유하고 있는 강릉시와 행정적 '시비'가 있었지만 결국 평
창의 승리로 끝났다. 평창군에서는 이러한 지명의 이점을 이용해 당장 2008년
1월에 '2008 평창 대관령 눈꽃축제'를 열었다. 바야흐로 지명 하나도 지적 자
산이 되는 시대다.

대관령은 영서에서 영동으로 넘어가는 주요한 고개로서 대관령을 넘을 때 선택할 수 있는 도로는 현재 세 곳이다.

첫째는 1511년(중종 6년)에 개설된 평해로인데 우리가 흔히 대관령 옛길이라고 부르는 도로다. 자동차는 통행할 수 없지만 우마차는 충분히 지나갈 정도의 폭이며 지금은 등산로로 애용된다.

둘째는 1917년에 개설된 자동차용 도로, 즉 신작로다. 옛 영동고속도로는 이 도로를 확장해 만들었다. 이 도로는 지금도 '느림의 미학'을 즐기는 일부 관광객들이 여유롭게 대관령을 넘어갈 때 선택하는 코스다.

셋째는 2001년 대관령터널이 개통됨으로써 여러 개의 교량과 터널을 이용해 횡계에서 강릉까지 직통으로 달릴 수 있게 만든 현재의 영동고속도로 대관령 구간이다. 이 도로를 이용할 경우에는 대관령 밑으로 난 터널을 통과하기 때문에 동해의 절경을 감상할 수 없다는 아쉬움이 있지만 단숨에 대관령을 내

대관령 옛길인 평해로의 흔적
지금은 한가로운 등산객이나 관광객들이 즐겨 찾고 있다.

일제강점기에 개설된 대관령 도로 준공기념비
옛 영동고속도로 구간으로서 이 도로는 평해로를 가로질러 개설되었다. 1913년에 착공해 1917년에 완공되었고 건설 당시 도로 폭은 5.4미터 정도라고 기록되어 있다. 미시령 옛길이나 울릉도 해안도로와 유사했던 것으로 보인다.

려간다는 이점 때문에 어느덧 가장 많은 사람들이 이용하는 구간이 되었다.

어쨌든 대관령을 넘는 도로의 원조는 평해로다.

조선시대 한성, 즉 서울에서 전국 지방을 연결하는 주요 간선도로 중 서울-부산을 남북으로 연결한 옛길이 영남대로였다면, 서울에서 강릉을 동서로 횡단하고 삼척을 지나 평해까지 이어진 도로가 관동대로인 평해로다. 영남대로·관동대로는 일반인들이 편하게 부르던 이름이지만 사실 문헌상에는 동래로(부산로), 평해로라고 기록되어 있다.

조선시대 한성과 지방을 연결하는 주요 간선도로는 모두 9개였는데 이는 고려시대에 확립되어 조선시대에 정비된 것이다. 대로의 명칭은 문헌마다 다르게 기록되기는 했지만 보통 의주로(관서로: 한성-의주), 경흥로(서수라로·북관대로: 한성-서수라), 평해로(관동대로: 한성-평해), 영남로(동래로·부산로: 한성-부산), 통영로(한성-통영), 통영 1로(한성-통영), 삼남로(제주로·해남로: 한성-제주), 충청수영로(한성-충청수영), 강화로(한성-강화) 등으로 불리고 있다.

| 한국지리 이야기 |

39

명품 가로수

　　　　　도로에도 명품이 있다. 도로를 명품으로 만드는 것
은 가로수다. 청주의 플라타너스 가로수, 담양의 메타세쿼이아 가로수, 수원
장안동의 소나무 가로수, 제주도 공항의 야자나무 가로수 그리고 서울 청와대
앞길의 은행나무 가로수 등은 명품 가로수로 알려져 있다.

　서울시에서는 명품 가로수길 조성을 위한 장기 계획을 발표했다. 계획대로
라면 2023년에 강남대로는 마로니에길, 신촌로는 목련길, 영동대로는 느티나
무길, 경인로는 중국단풍길, 수색로는 벚나무길, 율곡로는 회화나무길, 왕산
로는 복자귀길, 한강로는 대왕참나무길 그리고 남부순환로는 메타세쿼이아길
이 된다.

　세상의 모든 나무가 가로수로 이용되는 것은 아니다. 몇 가지 조건을 갖추어
야 하는데, 우선 수종이 그곳의 기후와 풍토에 맞아야 한다. 잎의 크기는 클수
록 좋다. 그리고 도시에서는 특히 환경오염과 같은 각종 환경스트레스에 강해

청주 플라타너스 가로수길
경부고속도로 청주 IC에서 빠져나와 청주시내로 진입하는 구간이다.

야 한다.

가로수의 수종은 지역에 따라 달라지기도 하지만 역사적으로 시대에 따라 선호되는 수종도 변해왔다. 조선조 평양 상인을 유상(柳商)이라 불렀는데 이는 평양의 버드나무 가로수에서 비롯되었다. 고조선의 기자(箕子)가 길가에 버드나무를 심었던 풍습을 이어받은 것이었다. 우리 주변에서는 민요 가락에도 나오는 천안 삼거리 버드나무 가로수가 유명하다.

느티나무 가로수의 기원은 유학의 전래와 관련이 있는 것으로 알려졌다. 느티나무는 유교를 상징하는 나무로서 도읍이나 취락의 입구, 대로변 등 주요 지점에 심었다. 세종 때는 국도변을 따라 4킬로미터 구간마다 정자목으로 느티나무를 심게 했는데, 이는 수령이 길고 여름철에 그늘이 넓게 드리우는 느

| 한국지리 이야기 |

티나무의 실용적 측면을 고려한 것이었다. 느티나무는 돌무덤, 성황당과 함께 근대화 이전 도로변의 대표적인 경관이었고 지금도 농촌 마을 곳곳에서 어렵지 않게 흔적을 찾을 수 있다.

일제강점기에 일본인들은 우리의 옛 도로를 근간으로 신작로를 만들었다. 이 과정에서 그동안 고목으로 자란 버드나무를 벤 뒤 그 자리에 포플러를 심었다. 어떤 곳에서는 정자목으로 인기가 있던 소나무를 심기도 했는데 수원성 북문 밖에서 지지대고개로 이어지는 3킬로미터 구간의 소나무길은 조선 정조 때 만들어진 역사적 유물이다.

신작로의 효시는 군산과 전주를 연결하는 '전군대로'로서 벚나무 가로수길로 유명해졌다. 신작로 건설 사업은 일차적으로 군산-전주, 대구-포항, 평양-진남포, 목포-광주 사이를 대상으로 진행되었는데, 그중에서도 개항장인

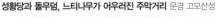

성황당과 돌무덤, 느티나무가 어우러진 주막거리 문경 고모산성

수원 소나무가로수 길

군산과 전라북도 감영 소재지인 전주를 연결하는 군산-전주선이 첫 신작로가
되었다. 당시 신작로의 건설은 군사적 목적보다는 경제·행정적 목적이 컸다.
따라서 국토 전체에 체계적인 도로 체계를 갖추기보다 주요한 두 지점 간을
연결하는 단거리 노선으로 건설된 것이 대부분이었다.

40
토끼벼루와 고모산성

이명박 대통령의 공약 중 국민적 이슈가 된 대운 하는 옛길 영남대로 380킬로미터를 연결하는 대공사다. 영남대로는 조선시대 한성과 지방을 연결한 간선도로망 중 하나로 한성(남대문)과 부산(동래)을 연 결했던 길이며 부산로나 동래로라고 불리기도 했다.

대운하가 예정대로 진행될 경우, 경부고속도로 건설에 버금가는 대역사가 일어날 곳이 바로 낙동강 상류와 남한강 상류가 갈라지는 소백산맥의 조령(새 재, 642미터) 구간이다. 이 구간은 조선시대 영남대로 중에서도 가장 험준한 절 벽을 통과하는 구간으로서, 이곳의 절벽 지형이 그 유명한 토끼벼루다. 이곳 절벽지대는 영강(穎江)협곡으로 알려져 있다. 이 지형은 낙동강 상류의 한 지 류인 영강의 협곡으로 점촌과 문경 사이 약 4킬로미터 구간을 말하는데, 토끼 벼루는 이 영강협곡이 끝나는 강변 단애에 만들어졌다.

토끼벼루는 지방어로서 토끼비리라고도 하며 한자로는 토천(兎遷) 혹은 관갑천(串岬遷)으로 불린다. 토천의 기원은 『신증동국여지승람』의 문경현 산천조에 등장한 "관갑천은 용연(龍淵) 동쪽 벼랑이니 일명 토천이라고도 한다. 세상에 전하기를 고려 태조가 남쪽으로 쳐 내려와 이곳에 이르니 길이 없었는데, 토끼가 벼랑을 따라 달아나면서 길을 열어주었으므로 토천이라 불렀다"는 기록에서 비롯된다.

이 토끼벼루의 허리를 가로질러 아슬아슬하게 잔도(棧道)가 만들어져 수백 년 동안 수많은 사람과 말이 지나다녔다. 이 험로는 토끼벼루 잔도, 토천 잔도 혹은 관갑천 잔도 등으로 불린다. 닳고 닳은 바위길에 서면 지금도 수없이 오가던 옛 사람들의 발걸음 소리가 들리는 듯하다. 잔도는 험준한 지형을 통과하기 위해 바위를 깎아내거나 구간에 따라서는 나무판자를 깔아 마치 선반처럼 길을 낸 것으로서, 세계적으로 유명한 잔도는 중국 양쯔 강 싼샤(三峽)와 룽

토끼벼루

| 한국지리 이야기 |

먼샤(龍門峽) 협곡에 있다. 영남대로 중 토끼벼루 잔도와 함께 널리 알려진 잔도로는 밀양의 작천 잔도와 양산 물금의 황산 잔도가 있는데, 원형이 가장 잘 보존된 곳은 토끼벼루 잔도뿐이다. 토끼벼루는 문경에서 남쪽으로 약 10킬로미터 되는 지점에 위치하며 보존된 잔도는 길이 약 3킬로미터, 폭 0.5~1미터 정도다.

한강과 낙동강은 영남대로 입지에 결정적인 영향을 끼쳤다. 이 두 강은 소백산맥을 경계로 하여 서로 반대 방향으로 흐르는데 두 하천의 최상류 교통요지에 해당되는 곳이 충주와 상주였다. 두 도시 간 거리는 약 40킬로미터로서 영남대로 중 대표적인 육로구간이며 이곳에 관갑천 잔도가 만들어졌다.

토끼벼루는 고모산성과 석현성을 빼놓고는 이야기할 수 없다. 토끼벼루는 문경-점촌 사이 3번 국도 변에 자리한 진남휴게소에서 진입할 수 있는데 휴게소 바로 뒤쪽에 웅장하게 솟아 있는 것이 고모산성이다. 사극 〈대조영〉 촬영지로도 알려진 곳으로서, 고모산성에 오르면 그림 같은 진남교반의 절경이 한눈에 들어온다. 고모산성은 신라 8대 아달라왕 3년(서기 156년)에 신라와 고구려를 연결하는 주흘산 동쪽의 계립령(하늘재, 520미터)을 개통한 후 이 지역이 군사요충지로 인식된 삼국시대 초기에 축조된 것으로 추정되고 있다. 신라의 한강유역 진출과 이후 삼국통일 수행에 주요 거점성으로 활용되었는데, 성벽은 사방에서 침입하는 적을 방어할 수 있도록 지형에 따라 높낮이를 맞추어 성벽 안쪽을 쌓은 협축식(夾築式)과 바깥쪽만 쌓은 편축식(片築式)으로 축조되었으며 길이 1,300미터 성벽으로 규모가 크고 보존 상태가 좋다.

1차 발굴조사에서 성문 2개소, 10미터 이상의 내외 겹축 성벽, 외면보강 보축성벽 등을 발굴해냄으로써 삼국시대 신라의 축성방법을 알게 되었다. 2차 발굴조사에서는 성곽 내 주요 시설물로서 저수지(집수시설) 2개소, 우물 2개소, 수구부 및 수로 2개소, 석축 및 석렬유구와 같은 성내 시설물을 확인했다.

고모산성에서 내려다본 진남교반

석현성과 개복숭아
고모산성의 동쪽으로 이어지는
성으로 그 끝자락에서 토끼벼
루가 이어진다. 사진 오른쪽에
보이는 것이 개복숭아다.

| 한국지리 이야기 |

이들은 저수지 내부 출토유물로 볼 때 통일신라기를 거쳐 고려 초기까지 활용된 것으로 파악된다.

고모산성과 관련된 기록은 『신증동국여지승람』, 『증보문헌비고』, 『징비록』, 『조선왕조실록』 등이 있다. 이 기록들로 보아 고모산성은 후삼국시대, 조선시대, 대한제국에 이르기까지 축조를 거듭한 것으로 추정된다.

고모산성은 군사상·교통상 요충지로서 숱한 전란의 역사를 경험한 곳이기도 하다. 1896년 의병전쟁 시에는 운강 이강년 부대와 일본군이 격전을 벌였으며, 한국전쟁 당시에도 주요한 방어 거점지역 역할을 했다.

석현성은 고모산성의 익성(翼城)으로 고모산성에서 남동쪽을 향해 마치 새의 날개 모양으로 401미터가량 뻗어 있다. 남쪽에서 침공해오는 적을 차단하기 위해 축조한 성으로서 임진왜란 중인 선조 29년(1596년)에 축조된 것으로 알려져 있다. 석현성의 동쪽 끝자락은 토끼벼루의 단애로 이어진다.

영남대로는 수백 년간 사람과 마차가 통행하면서 노면이 움푹 파여 천연적인 배수로 역할을 하기도 했다. 영남대로 주변에서 발견되는 개살구나 개복숭아 등은 사람의 통행을 보여주는 좋은 예다. 이 식물들은 여행자들이 버린 씨앗이 떨어져 자라 야생화(feral)한 재배식물이다. 관갑천 잔도 절벽에서도 개복숭아와 개살구가 발견된다. 영남대로 옛길이 무너지고 폐쇄되어 흔적을 찾기 어려운 상황에서 이 식물들은 옛길 흔적을 추적하는 지표식물이 되기도 한다.

41
터널 이야기

✏ 우리나라에서 가장 긴 터널은 어디일까?

산지 국가인 우리나라는 철도와 도로 곳곳이 교량과 터널로 이어진다. 특히 태백산맥, 소백산맥 구간은 우리나라의 터널 길이 기록을 세우고 있으며, 매번 갈아치우고 있다.

최장 터널의 기록보유자는 철도 터널이다.

2006년 12월 7일에 관통된 영동선 철도의 솔안터널은 총연장이 16.2킬로미터로 지금까지 우리나라 최장 터널인 경부고속철도 황학터널 9.97킬로미터를 거의 두 배나 갱신했다. 솔안터널은 영동선 철도 태백 동백산역과 삼척 도계역을 연결한 터널로서 2001년 7월에 착공되었으며 5년 만에 완공되었다. 이 구간은 현재 그 유명한 스위치백(Switch Back)식 철도가 있는 곳이다. 그러나 현재는 터널만 완공된 상태이고 마무리 공사를 마치고 기차가 정상적으로 다닐 수

자동차 도로 최장 터널인 죽령터널
터널이 워낙 길다 보니 비상주차대가 여섯 곳에 설치되어 있고 수직 환기구는 세 곳이나 된다.

있는 것은 2009년부터다.

그러나 솔안터널의 기록도 아마 5년 후에는 깨질지도 모르겠다. 바로 대운하 건설이 논의되는 조령의 수로 터널이 21킬로미터 구간으로 계획되어 있기 때문이다.

자동차 도로로 이용되는 터널 중 가장 긴 곳은 고속도로

가지산터널

구간에 뚫려 있다. 바로 경북 영주시 풍기읍과 충북 단양읍 사이 해발 689미터의 죽령고개를 관통하는 죽령터널로서 길이는 4.6킬로미터에 이른다.

2위는 국도구간에 있는 가지산터널이다. 울산시 울주군 상북면 궁근정리와 경남 밀양시 산내면 삼양리를 잇는 터널로 길이는 4,580미터(하행선)로 죽령터널보다 20미터 짧다. 그러나 국도로만 본다면 가장 길다. 상행선은 이보다 조금 짧은 4,534미터다.

 ## 터널이 내륙에만 있는 것은 아니다

통영에 가면 우리나라 유일의 해저터널을 볼 수 있다. 1932년 처음 개통된 뒤에는 한동안 충무(통영)와 미륵도 사이를 연결하는 자동차가 통행했으나 지금은 노후해 사람들이 걸어서만 지나갈 수 있다. 일본인이 '충무 운하'를 만든 뒤, 섬으로 왕래하기 위해서는 다리를 놓아야 했으나, 운하 위로 다리를 놓으면 임진왜란 때 죽은 일본인 조상의 머리 위로 조선인이 넘어다니는 격이라 하여 다리 대신 운하 밑으로 해저터널을 만들었다고 전해진다. 이유야 어쨌든 외부인에게는 흥미로운 관광자원으로서, 대한민국 근대문화유산으로 지정되어 있다. 터널 입구에 적힌 '용문달양(龍門達陽)'은 '섬과 육지를 잇는 해저도로 입구의 문'이라는 뜻이다.

삼면이 바다인 한반도에서 국제교류의 관건은 해양의 이용과 극복이다. 이와 관련해 끊임없이 논의되어온 것이 바로 한국-일본, 한국-중국 간 해저터널이다. 이 해저터널은 동북아지역의 통합 운송망을 구축하는 데에 목적이 있다. 한일 해저터널 구간은 최대수심 220미터, 한중 구간은 76미터 정도로 한중 해저터널이 상대적으로 유리하다.

충무 운하
충무대교 위에서 촬영한 사진으로 멀리 통영대교가 보인다. 충무대교 아래로는 해저터널이 지난다.

근대문화유산으로 지정된 통영 해저터널
예전에는 자동차로 통행할 수도 있었으나 지금은 보행자용으로만 이용되고 있다.

한국과 일본열도를 연결하는 해저터널은 1930년대부터 논의가 시작되었으나 터널의 경제성을 놓고 찬반양론이 대립되는 가운데 큰 진전 없이 지금에 이르고 있다.

이에 반해 한중 해저터널은 상당히 구체적인 안이 검토되고 있어 귀추가 주목된다. 한국과 중국의 해저터널은 평택과 웨이하이(威海) 사이를 연결하는 374킬로미터 구간이 가장 유력한 것으로 알려져 있다. 우리나라의 기점 도시로 장산곶과 인천, 태안 등이 함께 검토되고 있으나, 기존 철도 인프라를 활용하기에 가장 좋은 조건을 갖추었다는 점에서 최종적으로 평택이 가장 유리한 것으로 논의되고 있다. 중국과의 최단거리 노선인 북한의 황해도 장산곶은 거리가 198킬로미터밖에 되지 않지만, 현실성이 없다는 점에서 일단 제외되었다. 만약 한중 해저터널이 완공된다면 시속 350킬로미터의 고속철도로 5시간 정도면 서울에서 상하이까지 갈 수 있게 된다.

부산-거제, 꿈의 해저터널로 연결된다

2010년 말에는 우리 손으로 만든 최초의 자동차 전용 해저터널이 탄생할 예정이다. 부산시 강서구 천성동(가덕도)과 경남 거제시 장목면 유호리(대죽도)를 잇는 '침매(沈埋)터널'이 그것이다. 이 구간은 총연장 8.2킬로미터의 가거대교 일부 구간으로서 약 3.7킬로미터가 이 해저터널로 이어진다. 이 터널이 완공되면 부산-거제 간 소요시간은 현재 3시간 30분에서 40분대로 대폭 줄어든다. 꿈의 해저터널이 되는 셈이다

침매터널은 육지에서 미리 만든 거대한 '시멘트 터널 구조물'을 운반해와서 바닷속에 가라앉힌 뒤 해저에 파묻어 터널을 완공하는 방식이다. 바다 밑을

대표적인 침매터널인 홍콩의 크로스하버터널
장차 부산-거제 간 해저터널의 출입구는 이런 모양이 될 것이다.

파서 만드는 일반적인 해저터널에 비해 지반이 약한 곳에서도 시공할 수 있다
는 장점이 있다. 이번에 사용되는 시멘트 구조물은 하나의 길이가 180미터에
무게는 4만 6,000톤 정도이다. 모두 18개를 만들어 수심 20~45미터의 해저에
가라앉혀 연결하게 된다. 현재 이 구조물은 경남 통영시 광도면 안정국가산업
단지에서 만들고 있다. 역시 통영은 해저터널의 메카인 듯하다.

제5부

우리 마을
지리이야기

42
느리게 사는 마을
슬로시티

전라남도의 완도군 청산도, 신안군 증도, 장흥군 장평면·유치면, 담양군 창평면 등이 아시아에서 처음으로 슬로시티로 지정되었고, 그 후 경상남도 하동군 악양면, 충청남도 예산군 대흥면·응봉면이 추가되었다. 슬로시티란 우리말로 '느리게 사는 마을' 또는 '여유 있게 사는 마을'로 옮길 수 있다. 이 말 속에는 전통 잇기, 환경 생태 보존, 음식의 맛 살리기와 같은 내용이 담겨 있다.

슬로시티 운동은 1999년에 이탈리아에서 시작된 것으로, 속도제일주의를 벗어나 '느리게 사는 마을(cittaslow)'을 만들어보자는, 일종의 새로운 '마을 가꾸기' 운동이다. 치타슬로는 이탈리아어로 도시(citta)와 영어의 느림(slow)을 합성한 말이다. 이 치타슬로에 가입한 곳은 전 세계 16여 개국의 111개 도시들로서 대부분 유럽 국가이며 아시아에서는 우리나라가 처음이다.

슬로시티에 가입하려면 까다로운 조건을 갖추어야 한다. 인구는 기본적으

담양군 창평면의 돌담길
담양군 창평면 삼지천 마을
의 돌담 경관은 마치 영화촬
영을 위한 세트장 같다. 큰
도로에서 '돌담길'로 표시된
골목을 따라 걷다 보면 역사
속으로 시간여행을 떠나는
착각을 하게 된다. 문화재청
등록문화재 265호로 등록되
어 있다.

장흥군 유치면의 자연휴양림

로 5만 명 이하이고 도시와 주변환경을 고려한 환경정책, 유기농 식품의 생산과 소비, 전통 음식과 문화 보존 등의 구체적인 사항을 충족해야 한다. 또한 친환경적 에너지 개발, 차량통행 제한 및 자전거 이용, 나무 심기, 패스트푸드 음식 추방 등을 실천해야 한다.

슬로시티 정신에서는 획일적이고 기계화된 현대문명을 무조건 추구하기보다 현대 문명을 잘 이용하면서도 각 지역의 독특한 문화와 전통음식을 즐기면서 여유 있게 그리고 주체적으로 살아가는 것을 강조한다. 이러한 슬로시티 정신은 점차 황폐화되어가는 우리 농촌사회를 부흥시키는 대안이 될 수 있다는 점에서 많은 관심을 갖게 된다.

완도군 청산도는 전통적인 섬 농경문화를 간직한 곳으로, 신안군 증도는 천일염과 자전거 교통 시스템 마련으로, 장흥군 유치면은 자연휴양림과 전통 장 담그기 및 친환경 농업으로, 담양군 창평면 삼지천 마을은 전통적인 돌담길과 한옥문화 그리고 전통음식인 한과와 쌀엿 제조 등으로 주목받고 있다.

CHAPTER

43
한국판 지중해를
꿈꾸는 전남 다도해

전라남도 남서해안은 우리나라의 대표적인 다도해 지역이다.

전라남도에 속한 섬은 1,964개로 한반도 전체의 62퍼센트, 해안선은 6,419 킬로미터로 전체의 50퍼센트 그리고 갯벌 면적은 1,054제곱킬로미터로 44퍼센트를 차지한다. 한반도의 바다를 대표하는 곳이라고 할 수 있다.

전라남도는 최근 이러한 지리적 특징을 활용한 이른바 '은하수섬 프로젝트'를 의욕적으로 추진해왔다. 밤하늘의 은하수처럼 많지만 그동안 대부분 낙도(落島)로 방치되었던 섬들을 본격적으로 개발하자는 취지다. 그리고 한걸음 더 나아가 전라남도의 바다를 '한국판 지중해'로 만들어 동북아 해양관광 허브로 발전시킨다는 '갤럭시 아일랜드(Galaxy Islands)' 라는 프로젝트를 야심차게 계획하고 있다. 이는 서로 떨어져 있는 수많은 섬을 총 103개의 연육교와 연도교로 이어 하나의 '관광 클러스터'로 개발한다는 내용이다. 여기에는 신안 · 영

광의 다이아몬드제도 클러스터, 진도와 해남을 묶은 조도 클러스터, 완도의
보길도 클러스터, 여수·고흥의 사도·낭도 클러스터 등 4개의 클러스터와 영
광·해남의 서남해안 관광레저도시 개발이 포함되어 있다.

갤럭시 아일랜드의 선봉이 된 보물섬 신안 증도

전라남도에서 갤럭시 아일랜드 프로젝트를 처음으로 도입한 곳은 신안군
증도다. 보물섬으로 알려진 증도가 새롭게 주목받게 된 것은 슬로시티에 가입
되고부터다.

신안군은 유인도 111개, 무인도 719개 등 섬으로만 이루어진 군으로서 섬의

가족과 함께 즐기는 갯벌체험
갯벌체험장에서는 물이 빠져나갔을 때 짱뚱어나 게와 같은 갯벌 생물들을 직접 관찰할 수 있다. 뒤에 보이는 것이 길이 500여 미
터의 짱뚱어다리로 짱뚱어가 많다는 데에 착안해 이름이 지어졌다.

수는 한반도 전체의 25퍼센트나 된다. 이렇게 섬이 많다 보니 행정 중심지로 삼을 만한 곳이 마땅치 않아 군청을 인근 대도시인 목포에 두고 있다는 점이 특이하다. 신안군은 다도해의 관문인 압해도를 관광신도시로 개발하고 2010년에 군청을 이전한다는 계획을 세워놓고 있다.

압해도는 목포에서 가장 가까운 신안군의 면 소재지 섬이며, 인구는 8,500명 정도로 신안군에서 가장 많다. 신도시로 개발되면 인구는 5만 명 정도로 늘어나리라고 예측된다. 목포와 압해도를 연결하는 압해대교는 이 사업의 가장 핵심적인 요소가 되었다.

신안군은 민간자본을 유치해 보물섬으로 유명해진 증도를 갯벌생태공원으로 개발하는 계획을 세우고 갯벌휴양타운과 갯벌생태전시관 등을 조성해가고 있다. 인구 2,000명 안팎의 작은 섬 증도가 주목받게 된 것은 1976년에 중국 송·원대 유물이 해저에서 발견된 뒤부터다. 증도는 행정구역상으로는 신안군 증도면인데, 증도면은 모두 99개(유인도 6개, 무인도 93개)의 섬으로 이루어졌고 1차 산업인구 비율이 92퍼센트에 달한다.

 ## 증도의 랜드마크가 된 청정갯벌과 천일제염

신안 증도의 랜드마크는 드넓은 청정갯벌과 이를 이용한 천일제염이다. 60만 평이 넘는 갯벌은 특히 게르마늄 성분이 풍부해 피부노화를 방지하고 보습효과를 지닌 화장품을 만드는 원료로 이용된다. 이곳 천일제염은 단일 규모로는 국내 최대를 자랑하는데 그 면적은 서울 여의도의 2배가량이나 된다.

증도의 천일염전은 태평염전 소유로서 한국전쟁 이후 1953년에 이북의 피난민 정착을 위해 둑을 쌓아 전증도와 후증도를 연결함으로써 그 사이의 갯벌

증도 갯벌생태공원 안내간판
갯벌휴양타운 입구

석조소금창고를 이용한 소금박물관

| 한국지리 이야기 |

을 이용해 만들었다. 예부터 이 섬은 물이 적은 곳으로 시루섬이라 불렸고 전
증도는 앞시루섬, 후증도는 뒷시루섬이라 했었는데, 태평염전 개발 이후 각각
전증도, 후증도라 불리게 되었다.

증도는 슬로시티에 가입된 것을 계기로, 이곳 천일염전을 친환경적인 관광
지로 개발하는 중이다. 이를 실천할 방안의 하나로 염전 입구에 있는 석조소
금창고를 개조해 소금박물관으로 운영하고 있으며, 우수한 천일염을 생산하
고자 염전갯벌습지를 친환경적으로 관리하고 있다. 석조소금창고는 태평염전
을 조성할 당시 이 지역의 돌을 이용해 건축한 것으로서 현재 전국에서 하나
밖에 남지 않은 석조소금창고다. 이곳의 천일제염(태평염전)과 석조소금창고
는 역사적 가치를 인정받아, 각각 근대문화유산(등록문화재) 360호와 361호로
지정되었다.

염전갯벌습지는 여름철 염전 침수방지와 해수정화 기능을 갖고 있는 것으
로 알려져 있다. 그리고 여기에서 자라는 함초(鹹草)는 '바다의 인삼'으로 불
리는 식물로서 함초천일염을 만드는 데에 쓰인다. 함초천일염은 퉁퉁마디로
불리는 함초를 저농도 소금물에 담가 성분을 그대로 우려낸 뒤 만든 소금이
다. 함초는 서남해안 갯벌에서 많이 자라고 있으며 변비 해소, 동맥경화·고
혈압·비만 예방 등에도 효과가 있는 것으로 알려져 새로운 어촌 소득사업으
로 각광받고 있다.

태평염전 전증도와 후증도 사이의 갯벌을 매립해 만든 염전이다.

천일염의 생산 신안군 지도읍, 2008.5.31

　한때 신안군에는 전라남도 염전의 60퍼센트가 모여 있었다. 이렇게 염전이 많았던 것은 우선 주변 섬의, 수면이 잔잔한 해안에 간석지가 많이 분포한 데다가 강수량이 적어 염전개발에 유리했기 때문이다. 또한 지형적 특성상 농업용수가 부족해 간척사업을 해도 농사짓기가 어려운 탓이라는 지적도 있다.

　천일염은 원래 식품이 아닌 광물로 분류되어 상품화에 한계가 있었다. 그러나 2008년 3월 28일부터 광물에서 식품으로 '승격' 됨에 따라 천일염의 고향 전라남도는 새로운 각오로 천일염 상품화에 온 정성을 기울이고 있다. 천일염은 고혈압의 주범인 염화나트륨의 함량이 수입 소금에 비해 낮고(80~86퍼센트), 갯벌염전에서 생산되기 때문에 미네랄도 풍부한 것으로 알려져 있다.

| 한국지리 이야기 |

44
청산도 **청보리밭**과
구들장논

청산도는 영화 〈서편제〉 덕분에 유명해졌다. 〈서편제〉의 하이라이트는 「진도 아리랑」의 배경으로 등장하는 '황톳길'이다. 그 청산도가 다시 '슬로시티'가 되면서 우리에게 한걸음 더 가까이 다가오고 있다.

완도에서 동남쪽으로 약 20킬로미터 거리에 위치한 청산도의 봄은 이름 그대로 산, 바다, 마늘밭과 청보리밭 등 섬 전체가 온통 푸른색이다. 청산도의 풍광에는 이곳의 자연환경에 순응해 조상 대대로 땅을 일구어온 섬사람의 삶이 진술하게 담겨 있다. 육지와는 사뭇 다른 이곳의 전통적 삶이 바로 슬로시티의 자격조건이 된 것이다.

섬이라고 하는 자연환경은 여러 가지 면에서 주민들이 생활하는 데에 육지환경보다 불리하다. 농업이 주 생업이라고는 하지만 청산도도 여느 섬처럼 농토가 부족하기는 마찬가지다. 주민들은 부족한 농토를 확보하기 위해 산허리를 깎아내고는 다랑논을 만들었다.

당리 언덕의 청보리밭과
도청리 선착장

〈서편제〉 촬영지로 널리 알려진 당리 언덕
유채와 청보리가 어우러져 한 폭의 그림을 연출한다.

다랑논에는 특히 온돌방을 만들 때처럼 논바닥에 '구들장'을 깔고 그 위에 흙을 덮어 논을 만들었다. 구들장 아래에 아래쪽 논으로 물이 흘러가도록 수로를 만들어둔 것도 특이하다. 이러한 구조는 흙과 물이 귀한 자연환경을 효율적으로 활용한 조상들의 지혜의 산물이다. 지금은 이러한 구들장논이 많이 사라졌

양지리 다랑논에서 재배되는 자운영
휴경논을 이용해 재배되는 경관작물이자 녹비작물이다.

는데 다만 양지마을 일대에서는 여전히 확인할 수 있다.

최근 쌀농사 대신 밭작물 재배면적이 늘어나면서 다랑논이 밭으로 바뀐 탓에 전형적인 다랑논을 찾기가 어려워졌다. 밭작물로는 청보리와 마늘이 주로 재배되지만 휴경논에서는 경관작물인 유채와 자운영을 재배하는 곳도 많아졌다. 경관작물이란 '경관보전직불제사업' 추진을 위해 정부에서 일정 소득을 보장해주면서 재배하도록 권장하는 작물이다. 이 작물은 다른 농작물을 심을 때는 녹비작물로도 이용된다.

구들장논을 만드는 중에 나온 크고 작은 돌들은 자연스럽게 논둑이나 마을의 담장을 만드는 데에 쓰였다. 바닷바람을 막기 위해 처마 끝까지 쌓아올린 청산도 돌담은 미학적 아름다움까지 있어 문화재로 지정되어 문화유산으로 인정받고 있다. 아름다운 돌담으로 수놓아진 상서리는 2007년에 행정안전부가 주최한 '지역자원경연대회'에서 입상한 마을로서 '살기 좋은 마을 열 곳'의 하나가 된 뒤 더욱 유명해졌다.

청산도를 둘러보면 왜 이 마을이 '느림의 미학'을 실천하는 슬로시티가 되었는지 몸으로 느낄 수 있다. 마치 타임머신을 타고 수십 년 전으로 돌아간 느

양지마을 구들장논
청산도에서 구들장논의 구조를 직접 관찰할 수 있는 유일한 장소다. 마을 입구에서 언덕 쪽으로 난 길을 따라 200미터 정도 오르면 정자가 하나 있는데 그 아래쪽에 있다. 논 위쪽에서는 보리, 아래쪽에서는 마늘이 재배되고 있다. 사진 가운데에 보이는 작은 구멍은 구들장 아래에 만들어진 수로다. 양지리는 청산도에서 가장 따뜻한 곳이라는 데에서 유래한 이름인데, 실제로 청산도에서 가장 넓은 농경지가 개간되어 있다.

등록문화재 279호인 상서리 돌담
돌담은 청산도 곳곳에서 볼 수 있지만 동촌리와 상서리 일대의 것이 가장 아름답다.

| 한국지리 이야기 |

당리에 조성된 초분
아쉽게도 청산도 초분 풍습은 사라지고 그 흔적만 남아 있다.

낌이랄까?

청산도의 볼거리 중 하나가 바로 초분(草墳)이다. 초분은 섬 지역의 독특한 장례 풍습으로, 시신을 바로 매장하지 않고 이엉으로 덮어두었다가 3년이 지나 뼈만 추려 땅에 정식으로 묻는 방식이다. 멀리 고기잡이에 나선 자식들이 세때 부모상을 치를 수 없게 되면서 생겨난 섬 지역의 독특한 풍습으로 알려져 있다. 몇 년 전까지만 해도 신흥리에 초분이 하나 남아 있었지만 2007년에 그 장례를 치르고 없애버린 뒤로 이런 풍습은 사라졌으며 당리마을에 관광용으로 재현해놓은 초분만을 볼 수 있다.

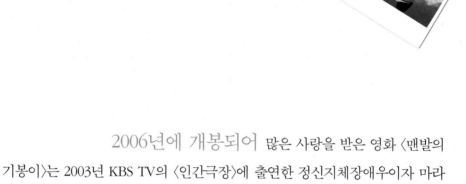

45
영화 〈맨발의 기봉이〉와
가천 다랭이 마을

2006년에 개봉되어 많은 사랑을 받은 영화 〈맨발의 기봉이〉는 2003년 KBS TV의 〈인간극장〉에 출연한 정신지체장애우이자 마라톤 선수인 엄기봉 씨의 이야기를 영화화한 작품이다.

영화에서 볼거리 중 하나는 영화의 무대가 된 남해 다랭이 마을의 푸른 하늘과 바다 그리고 깎아지른 듯한 절벽에 걸려 있는 기봉이네 집의 그림 같은 풍경이다. 물론 영화 속 기봉이네 집은 50여 일에 걸쳐 7,000만여 원을 들여 만든 세트다. 서산에 있는 엄기봉 씨의 집과 똑같은 크기라고 한다.

다랭이 마을이라는 이름에서 다랭이는 '다랑이'의 사투리이며, 공식 지명은 경남 남해군 남면 홍현리 가천 마을이다. 400여 년 전에 이 마을에 정착한 주민들은 가파른 산비탈에 돌둑을 쌓아 농사지을 땅을 일구었다. 이렇게 해서 얻은 손바닥만 한 논과 밭 500여 개가 마치 등고선 모양으로 계단을 이루면서 산허리를 두르고 있다.

가천 마을과 다랑논
다랑이 중에서도 가장 작은 것을 삿갓배미라고 한다.

　가천 마을은 독특한 자연환경을 배경으로 자연스럽게 만들어진 마을이다. 우선 남쪽 먼 바다에 바짝 다가서 있는 지리적 특성상 늘 파도가 높게 일고 물이 깊어 바다로 나갈 수 없었다. 더구나 응봉산과 망산 자락이 곧바로 바다까지 이어져 해안이 절벽을 이루고 있는 탓에 배를 댈 만한 장소도 찾기 어려웠다.

　그러나 한편으로 이러한 지형적 특징이 생활하는 데에 이롭게 작용하기도 했다. 가천 마을의 배후산지인 응봉산과 망산은 남해군 남면 일대에서는 해발고도가 가장 높은 곳으로서, 이곳에서부터 흘러나오는 지하수는 생활용수는 물론 농사짓기에도 충분했다. 또한 두 산 사이의 골짜기는 깊게 들어가 있어 거친 바람도 막아주었다. 바다 쪽이 남향이라 겨울을 따뜻하게 날 수도 있다.

　그리고 산 사면은 풍화가 진행되어 흙의 유실만 막는다면 농사짓기에도 괜

가천 마을의 명물 미륵바위
풍화와 침식에 의해 땅속의 핵석이 노출된 것이다.

찾았다. 산지가 높기는 하지만 단단한 바위로 된 암산은 아니라는 것이다. 가천 마을이 위치한 곳의 지형 발달을 설명해주는 것이 바로 이 마을의 대표적인 관광자원인 미륵바위다. 암수바위라고도 하는 이 바위는 땅속에서 암석이 화학적으로 풍화되는 과정에서 남은 핵석이 지표 위로 노출된 것들이다. 이러한 핵석은 마을 논두렁에서 어렵잖게 관찰된다.

가천 마을 한가운데에 있는 밥무덤

| 한국지리 이야기 |

농사가 위주인 이곳에서도 무엇보다 흙을 신성시했다. 마을 한가운데는 '밥무덤'이 있는데 동네의 안녕을 비는 일종의 제단이다. 재미있는 것은 밥무덤 안에는 마을 뒷산에서 채취한 깨끗한 황토가 정성스럽게 모셔진다는 것이다. 황토는 이 마을에서는 생명줄인 셈이다.

〈맨발의 기봉이〉 덕분에 다랭이 마을은 이제 전국적으로도 관광 명소가 되었다. 물론 여기엔 농촌진흥청이 2002년에 산, 논, 바다가 어우러진 이 바닷가 마을을 '농촌 전통 테마 마을'로 지정한 것도 힘이 되었다. 다랭이 마을은 도시생활이 일상화된 현대인이 우리의 전통 마을을 돌아볼 수 있는 일종의 안식처가 된 것이다.

CHAPTER 46
축제의 지리학

✏️ 함평 나비축제의 나비효과

　지역축제의 시대다. 전국적으로 그 고장의 특징을 살린 축제들이 경쟁적으로 열리고 있고 좋은 반응도 얻고 있다. 지역축제는 오랜 역사를 갖지만 전국적으로 확산시키는 데에 불을 댕긴 것은 함평 나비축제일 것이다. 그야말로 '나비효과' 덕택으로 한반도 곳곳은 축제의 장이 되었다. 성공적인 지역축제의 공통점은 그곳의 지리적 환경을 잘 반영하고 있다는 점에 있다. 달리 표현하면 지리와 관련을 맺지 않은 인위적 축제는 그 생명이 오래가지 못한다는 말이 된다.

봄축제의 꽃, 구례 산수유꽃축제

2008년 3월 20일부터 23일까지 이어진 열 번째 구례 산수유꽃축제는 지리산 골짜기에 자리 잡은 산동면 일대를 노랗게 물들인 산수유꽃밭에서 펼쳐진 대표적인 지리적 축제 한마당이었다. 많은 곳에서 계절의 변화를 느끼지만 3월에 시작되는 광양 매화꽃축제, 구례 산수유꽃축제 등 봄꽃축제야말로 그 절정이라 할 만하다. 특히 구례 산수유는 지리적 표시제에서 임산물 분야 15호로 최근 등록되었다. 구례군은 산수유의 지리적 표시제 등록을 계기로 앞으로 이 축제를 더욱 확대 · 발전시키겠다는 각오를 보였다.

구례 산수유 시목지 구례군 산동면 계척리
산동면 일대는 전국 최대 산수유 마을로서, 특히 계척리는 산수유 시목지로 알려져 있다. 1,000년 전 중국에서 산수유를 들여와 우리나라에서 처음으로 심은 곳이 계척리이고 산동면(山洞面)이라는 지명도 이와 관련이 있다고 한다.

구례 산수유 지리적 표시제 등록 축하 플래카드
구례군은 축제 기간에 지리적 표시제 등록 축하 플래카드를 내걸어 적극적인 홍보에 힘을 쏟았다.

구례 산수유꽃축제를 즐기는 관광객들

겨울축제의 꽃, 화천 산천어축제

화천 산천어축제는 한국의 사계절 기후 특징을 잘 활용한 계절축제의 하나로서, 인제 용대리 황태축제, 인제 빙어축제, 대관령 눈꽃축제 등과 함께 대표

화천 산천어축제가 열리는 화천천
화천천은 북한강 본류로 흘러드는 지천으로 둑을 쌓아 물을 가두어 만든 산천어 낚시터 두 곳을 축제에 이용하고 있다.

적인 겨울축제로 자리 잡았다.

　화천 산천어축제는 몇 가지 측면에서 다른 축제와는 다르다. 화천군 인구는 3만 명이 채 안 되는데 이곳을 찾는 관광객은 100만 명을 넘는다. 처음 축제를 기획했을 때 주최 측에서는 관광객이 주민 수만큼인 3만 명만 오면 성공적이라고 생각하고 축제를 홍보하기 위해 전국을 순회했다. 그런데 첫해에 예측한 인원의 10배나 되는 30만 명이 찾았고 이제는 100만 명이 찾는 국내의 대표적 지역축제가 되었다. 세계적인 축제로 한걸음 나가는 계기를 마련한 셈이다. 화천은 지리적으로 보면 강원도에서도 가장 오지 중 하나로 접근하기가 매우 어려운 곳이다. 그러나 오히려 이러한 지리적 조건은 다른 곳에서 찾을 수 없는 장점으로 작용했다. 즉, 지리적 환경을 최대한 활용하면서 관광객들이 이를 충분히 즐길 수 있게 한 것이다. 또 하나의 특징은 축제가 관광객만의 것이

화천 시가지 골목길 풍경
화천은 계획도시로 규칙적인 도로망이 깔려 있다. 이는 1950년대 미 육군 공병대가 진주하면서 조성된 것으로 알려져 있다. 아직도 골목 곳곳에는 옛 가옥이 보존되어 있다. 화천에서는 이 가옥들도 하나의 관광자원으로 활용하고 있다.

아니라 주민들과 함께하는 축제로 자리매김했다는 점이다. 화천 산천어축제는 다른 지역과는 달리 화천의 중심지역인 화천 읍내에서 진행된다. 화천읍 시가지는 북한강 본류와 그 지류인 화천천이 만나는 합류점에 조성된 도시다. 산천어축제장은 화천천에 조성되었으며 제방 하나를 사이에 두고 화천 시가지가 있어 매우 유리하다.

✏️ CO₂ 증가와 겨울축제

화천 산천어축제와 함께 대표적인 겨울축제로 자리 잡은 것이 인제 빙어마을 빙어축제와 용대리 황태축제다. 같은 지역 내에서 열리는 두 축제는 축제 기간까지도 같아서 관광객들은 한 번에 두 가지 축제를 동시에 즐길 수 있다. 빙어축제는 북한강 상류인 소양강 자연하천의 얼음을 이용해 열리며, 황태축제는 황태덕장이 집중되어 있는 용대삼거리에서 열린다. 이들 겨울축제는 겨

| 한국지리 이야기 |

인제 빙어 축제 2008.1.19

울이 추울수록 진가를 발휘하게 되는데 최근에 와서는 지구온난화로 인해 겨
울에도 기온이 그다지 떨어지지 않아 축제 관계자들이 긴장하고 있다.

CHAPTER 47
명태의 지리학

같은 생선을 놓고 다른 축제가 벌어진다. 바로 고성의 명태축제와 인제의 황태축제다.

명태라는 이름은 조선시대 초 함경도 명천(明川)의 어느 어부 태(太) 씨가 처음 잡은 데에 기원한다는 이야기가 구전된다.

명태만큼 지역에 따라 다양한 이름으로 불리는 것이 또 있을까? 잡힌 곳에 따라 고성군 간성에서 잡은 것을 강조할 때는 간태, 강원도산은 강태 그리고 더 넓게 동해안에서 잡으면 지방태다. 지방태가 점차 줄어들면서 먼 곳의 명태가 들어오는데, 이웃한 일본산은 일본태, 북쪽 멀리 러시아에서 들어온 것은 원양태다. 명태의 다른 이름인 북어는 북쪽을 강조한 이름이기도 한데 주로 알래스카 일대에 서식하면서 계절에 따라 회유한다. 명태의 영어 표현도 'Alaska pollack(Walleye pollack)'이다. 명태는 냉수성 어종으로 서식에 알맞은 수온은 3~4°C다.

그러나 명태가 출신을 가리지 않고 백두대간을 넘어오면 황태 혹은 노랑태가 된다. 명태가 태백산맥의 혹독한 눈보라를 맞고 새롭게 태어난 것이 황태다. 그러나 겨울을 난다고 해서 다 황태가 되지는 않는다. 따뜻한 겨울을 나면 품질이 떨어져 깡태가 되고 혹독한 겨울을 나면 최상품인 노랑태가 된다. 신분이 달라지는 것이다. 모양이나 효능 면에서 산에서 나는 더덕과 비슷하다 하여 더덕북어로 불리기도 한다. 그러나 가까운 바닷가에서 가볍게 변신하면 황태라는 이름을 얻지 못한 채 건태(북어)로 끝난다.

명태의 고향 고성군에서는 겨울이 끝날 무렵 거진읍 거진항을 중심으로 한 고성 명태축제가 열린다. 대부분의 겨울축제가 한겨울에 열리는 것과는 다른 점이다. 그러나 고성의 명태축제는 반쪽 축제가 되고 말았다. 이제 고성은 물

황태덕장 인제군 북면 용대리
황태는 명태를 겨울철 덕장에서 얼리고 녹이기를 반복하며 말린 것이다. 따라서 겨울이 춥지 않으면 황태를 만들 수 없다.

론 동해해역에서 명태가 잡히지 않기 때문이다. 국립수산과학원은 1986~
2003년의 17년간 동해안의 수온이 무려 1.5℃ 올랐다고 발표한 바 있다. 연평
균 0.088℃씩 오른 셈인데, 이는 세계평균 0.014℃보다 훨씬 높은 수치다.

　고성 명태축제가 축제다운 축제가 되기 위해서라도 지구온난화를 막아야
한다. 요즘 한창 라디오를 통해 들려오는 '명태가 돌아오게 하려면 나무를 심
어야 한다'는 공익광고 카피를 다시 한 번 생각하게 한다.

48
경기도가 될 뻔한
충청남도?

서울은 수도를 가리키는 우리말이다. 그 서울을
둘러싸고 있는 곳이 경기도다.

경기라는 말은 왕도(王都)를 보호하기 위해 외곽에 설정한 지역으로, 당나라
때 왕도 주변지역을 경현(京縣)과 기현(畿縣)으로 나누어 다스렸던 데에서 유
래한 용어다. '경'은 중국에서 천자의 도읍지, '기'는 왕성을 중심으로 사방
500리 이내의 땅을 의미했던 것으로, 나중에는 왕도 외곽지역을 지칭하게 되
었다.

우리나라에서 경기라는 용어는 고려 현종 9년(1018년)에 개성 주변 지역을
지칭하며 처음 사용했다. 현재의 경기도는 조선시대 한성을 중심으로 다시 만
들어진 지역으로, 조선시대 공식 행정명칭인 '조선 8도(경기, 충청, 전라, 경상,
강원, 황해, 평안, 함경)'가 탄생하면서 지명으로서의 위치를 굳히게 되었다. 이
들 조선 8도의 명칭은 인문지리적 요소의 변동에 따라 개칭되면서 지금에 이

르렀다. 즉, 당시 시대 상황에 따라 인문현상은 바뀌는 것이기에 여기에 적용된 인문지리학적 용어도 다르게 쓰일 수밖에 없었다. 그러나 상대적으로 자연지리요소(특히 지형)를 이용해 조선 8도의 별칭으로 쓰였던 지방명칭, 즉 기호(경기도와 충청도), 관동(강원도), 호서(충청도), 해서(황해도), 호남(전라도), 영남(경상도), 관서(평안도), 관북(함경도), 영동(강원도 동부), 영서(강원도 서부) 등은 큰 변동 없이 지금도 대부분 의미 있게 쓰이고 있다. 기호라는 명칭이 있기는 하지만, 경기도 자체는 유일하게 별칭으로 불리지 않았고 경기도가 아닌 '경기'라고만 했다.

경기는 과거 왕실의 능원이 많이 있는 지역으로 중앙 관리가 직접 관장했으며 개성, 광주, 수원, 강화 등에 군영을 설치해 왕도와 왕실의 보위를 담당했다. 이러다 보니 경기는 서울(한성)과 함께 한국의 정치와 경제의 중심지로 동반 성장했고 근대지리학적으로는 수도권이라는 이름을 갖게 되었다. 1967년 수원으로 옮겨진 도청 소재지가 오랫동안 서울에 있었다는 사실은 서울과 경기의 역학 관계를 잘 보여준다.

행정구역은 대부분 큰 산이나 하천을 경계로 나뉘는 것이 상식이다. 그러나 경기도는 한강을 사이에 두고 남북으로 나뉘는데도 단일한 행정단위를 유지하고 있어 행정적 관리에 어려움을 겪고 있다. 이를 해소하기 위해 경기 북부 중심도시인 의정부시에서 경기 도청의 업무를 일부 담당하기도 한다. 경기도를 경기남도와 경기북도로 나누어야 한다는 목소리가 끊임없이 나오는데 어찌 될지는 알 수 없다.

서울을 충청남도 연기군 일대로 이전하려는 시도가 있었으나 결과적으로는 행정기능만 옮기게 되었다. 만약 서울을 통째로 옮기고 청와대까지 이사했다면, 충청남도 일대는 '신 경기도'가 되었을지도 모르겠다.

49

영남의 **터줏대감** 상주

영남이라는 용어는 조선시대 공식 행정명칭인 '조선 8도' 의 별칭 중 하나였다.

영남이라는 말은 고려 성종 14년(995년) 10도제를 실시할 때, 소백산맥의 조령(새재)과 죽령의 남쪽에 위치한 상주 지역을 영남도(嶺南道)로 지칭하면서 처음 사용하기 시작했다. 즉, 영남의 영(嶺)은 소백산맥의 고개를 의미하는 것이다. 그러나 지금처럼 경상남북도를 가리키는 좀 더 넓은 의미로 영남이라는 말이 사용된 것은『세종실록』세종 12년(1430년) 1월 22일 기사에 처음 등장한다.

영남이라는 말과 함께 사용되기 시작한 것이 영동인데 지금의 경주 지역을 영동도(嶺東道)로 불렀다. 우연의 일치인지는 몰라도 이 두 지역은 서로 유역 분지가 다르다. 영남도는 남해로 흘러드는 낙동강 상류 수계이며, 영동도는 동해로 흘러드는 형상강 수계다. 지금의 진주지역은 당시 산남도(山南道)라 했는데, 소백산맥 남쪽 끝자락에 위치하기 때문에 붙은 이름이었다. 산남도는 영남도의 남쪽으로서 수계로 보면 낙동강 하류 수계에 해당된다.

영남지방을 남북으로 가르면서 흐르는 강이 낙동강이다. 상주시에는 낙동 강을 사이에 두고 그 서쪽에 낙동면, 동쪽에 단밀면이 있다. 이 두 지역을 연결해주던 것이 낙동 나루터였고 지금은 나루터 위로 25번 국도가 지나면서 여기에 낙단교가 놓였다. 낙동면의 낙과 단밀면의 단을 따서 다리 이름을 지었다. 이곳 낙동 나루는 조선시대 한성에서 조령을 넘어 동래로 가는 영남대로의 중요한 나루였고 낙동 장터가 번성했다. 상주 고을 자체가 영남대로의 길목으로서 큰 고을이었던 것이다.

상주는 한때 낙양(洛陽)으로 불린 적이 있는데 이를 증명하듯 지금도 낙양동이라는 마을이 있다. 낙동강은 결국 상주의 옛 이름인 '낙양의 동쪽에 있는 강'이 된다. 상주를 빼놓고는 영남 그리고 낙동강 이야기를 할 수는 없는 셈이

상주 낙단교 풍경

다. 상주는 영남의 중심지였던 것이다.

　소백산맥은 신라, 고구려, 백제의 국경이 되기도 했고 호남(湖南)지방의 경계가 되었다. 지금의 전라남북도 지방을 호남이라고 부르게 된 역사는 고려 말이나 조선 초로 거슬러 올라간다. 국가 편찬 사서 중에 호남이라는 지명이 처음으로 기록된 것은 『세종실록』 세종 29년(1447년) 11월 16일 기사다. 호남은 호수의 남쪽이라는 뜻으로 쓰였는데, 그러면 여기에서 호수는 지금의 어느 곳을 말하는 것일까?

　호남이라는 말을 탄생시킨 호수는 벽골제라는 설과 금강이라는 설 두 가지가 있으나 기록에 의하면 그 호수는 벽골제인 것으로 되어 있다. 벽골제는 삼국시대로부터 내려오는 국내 최대 규모의 저수지다. 금강은 과거 호강(湖江)으로 불린 적이 있다. 조선 후기 실학자 이긍익(1736~1806년)이 지은 『연려실 기술』 제16권 「지리전고」에는 "벽골제호를 경계로 전라도를 호남, 충청도를 호서로 부른다"고 되어 있다.

50
국경 없는 마을
이태원과 원곡동

 곱창전골집과 케밥하우스가 공존하는 이태원

서울시는 2008년 새로운 시정사업으로 글로벌 빌리지, 글로벌 비즈니스 존, 글로벌 문화교류 존 사업을 추진하고 있다. 그만큼 우리나라에도 많은 외국인이 들어와 살고 있고 이들을 주요한 구성원으로 인정한다는 이야기다. 글로벌 시대의 자연스런 현상이다.

글로벌 빌리지는 특정 외국인이 모여 사는 여섯 곳을 외국인 마을로 공식 지정하는 것이다. 이곳에서는 각각 외국인 촌장이 자치위원회를 운영하며 거리도 각국의 특성에 따라 조성하게 된다. 바로 이태원 · 한남동 · 역삼동의 미국인촌, 연남동의 중국인촌, 이촌동의 일본인촌 그리고 서초구 서래마을(방배본동, 방배4동, 반포4동)의 프랑스인촌 등이다.

글로벌 비즈니스 존은 서울 시청 주변과 여의도, 강남구 삼성동, 역삼동처

이태원 이화시장길

이태원 솔마루길

이태원 이슬람사원

럼 외국인 기업이 많은 지역 네 곳을 외국인 사업구역으로 지정해 외국인들이 서울에서 기업하기 좋은 환경을 만들어주는 것이 목표다.

글로벌 문화교류 존은 명동, 남대문, 동대문, 인사동, 이태원 일대 다섯 곳으로서 외국인들이 편하게 관광할 수 있도록 기존 관광안내센터를 확대·개편하는 사업이다.

외국인촌의 대명사 이태원이 변하고 있다. 1997년 서울 최초의 관광특구가 된 이태원의 가장 큰 변화는 미국인에 비해 상대적으로 제3세계 외국인들이 크게 늘어나고 있다는 점이다. 우리의 전통 곱창전골집과 터키 케밥하우스가 뒤섞여 있는 이화시장길, 외국인 전용 주점들이 늘어선 솔마루길 그리고 이슬람사원을 기점으로 남북으로 길게 뻗어 있는 도깨비시장길 풍경에서 우리는 서울의 글로벌화를 실감할 수 있다.

 ## 글로벌 빌리지의 원조 안산시 원곡동

진정한 글로벌 빌리지의 원조는 안산시 원곡동에 있다.

우리나라는 1988년 올림픽을 전후로 외국 인력이 들어오기 시작하면서 이주 노동자(보통 외국인 노동자라고 하지만 시민단체는 내국인과의 차별적 의미가 강하다는 뜻에서 이주 노동자라는 용어를 쓰고 있다)가 급격히 증가했다. 전국의 이주 노동자는 2005년 현재 미등록 외국인을 포함해 약 30만 명으로 추정되고 있다. 이들 이주 노동자는 대도시 공단 주변을 중심으로 집단 거주지를 형성하기 시작했고 이로 인해 도시 경관과 기능면에서 특이한 문화현상들이 나타나기 시작했다.

이주 노동자 거주지를 중심으로 새로운 상업문화가 형성된 대표적인 곳이

| 한국지리 이야기 |

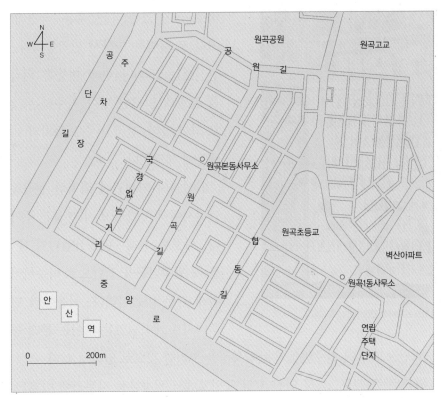

안산시 원곡동의 국경 없는 마을 자료: 장영진(2006), 저자 수정

원곡동 거리풍경 플래카드 아래 걸린 벽화들이 마치 만국기를 보는 듯하다.

베트남어로 적힌 핸드폰 판매점 간판 안산시 원곡동

바로 '국경 없는 마을' 혹은 '국경 없는 거리'로 불리는 안산시 원곡동이다. 안산시에는 2006년 현재 미등록 외국인을 포함해 약 3만 명이 거주하는 것으로 되어 있다. 전국 이주 노동자의 10퍼센트에 해당된다.

안산역의 역세권에 위치한 원곡동은 안산시에서도 가장 먼저 형성된 주거지다. 이곳은 원래 '반월산업단지'를 만들 때 원주민들을 집단으로 이주시키기 위해 만든 마을이었다. 처음부터 단독주택지로 계획되었는데 이는 본래 농업을 기반으로 살던 원주민들의 생활특성을 고려한 것으로 알려져 있다.

원곡동 중에서도 특히 안산역 앞 중앙로에서 원곡본동 사무소에 이르는 원곡길 주변의, 가로와 세로가 각각 800미터, 850미터인 지역이 바로 '국경 없는 거리'로 알려진 곳이다. 이곳은 다양한 국적의 이주 노동자들을 위한 음식점과 식품점 그리고 각종 서비스업체가 들어서면서 이국적인 문화경관을 만들어내고 있다.

중국, 인도네시아, 몽골, 필리핀, 베트남, 네팔, 파키스탄, 방글라데시, 우즈베키스탄 등 거주자의 국적이 다양하며 이 노동자들은 단순한 소비자가 아니라 경우에 따라서는 사업주로 자리 잡고 있다.

거주자는 대부분 중국인이다. 따라서 상가도 중국인을 대상으로 하는 업소가 많으며, 업종도 다양하다. 규모가 작은 국가의 이주 노동자를 대상으로 하는 업소나 업종은 상대적으로 적다.

CHAPTER | **51**

천불 천탑의 세계
화순 운주사의
지리학

한반도 곳곳에서 볼 수 있는 석불과 석탑은 우리나라 불교문화재를 대표하는 얼굴이다. 그리고 이 석불과 석탑은 한반도에서 가장 흔하고 세밀한 가공이 가능한 화강암을 사용해 만든 것이 보통이다. 그러나 파격적으로 이러한 상식을 깬 곳이 있으니 바로 천불 천탑으로 널리 알려진 화순 운주사 석불과 석탑들이다. 그러나 이곳 운주사야말로 파격이 아닌, 가 긴 지리적인 사고로 창조된 합리적 공간이라고 할 수 있다.

운주사는 11세기경에 만들어진 것으로 추측되며, 알려진 것보다 더 많은 부분이 여전히 베일에 싸여 있는 신비스러운 사찰이다. 운주사 대웅전에 이르는 천불 천탑의 전설 같은 사실이 사찰의 신비감을 더 높이고 있다.

많은 사람들은 어떻게 천불 천탑을 세웠는지에 대한 의문을 갖게 되지만 실제로 운주사의 석불과 석탑을 둘러보면, 불가능한 일만은 아닌 것 같다는 생각이 든다. 물론 어떤 학자들은 1,000이라는 숫자를 '더는 채워지지 않을 정도

화산쇄설암으로 세운 운주사 석탑 운주사 천불 천탑은 운주사 골짜기와 양쪽 산허리를 따라 길게 3열을 지어 세워져 있다. 석탑은 이곳의 암석과 기반암이 지닌 특징을 자연스럽게 활용했다.

화산쇄설암으로 조각한 운주사 석불 화강암 석불에 비해 투박하고 거친 것이 특징이다. 석불 뒤에 보이는 기반암이 바로 화산쇄설암으로 석불도 이와 같은 재질의 암석으로 되어 있다. 주변 산지에는 석불의 재료암석을 떼어낸 흔적이 곳곳에서 발견된다.

.| 한국지리 이야기 |

로 가득 참'이라는 불교의 상징적 의미로 해석하기도 한다.

운주사 주변의 암석은 주로 중생대 백악기에 만들어진 화산쇄설암으로 가까이 있는 광주 무등산과 같은 시기에 만들어진 암석이다. 즉, 운주사의 석불과 석탑들은 다른 지역에서 운반해온 화강암으로 만든 것이 아니라 이곳 골짜기에 있는 화산쇄설암을 떼어내 제작한 셈이다. 이것만으로도 그 많은 석불과 석탑을 만들 수 있는 좋은 조건을 지녔음을 알 수 있다.

화산쇄설암은 화산이 폭발하면서 만들어진 크고 작은 자갈들이 퇴적되어 굳어진 암석이다. 이러한 암석학적 특징 때문에 화강암처럼 큰 덩어리로 떼어내기도 어렵고 암질 자체가 너무 거칠기 때문에 화강암처럼 세밀하게 조각하고 싶어도 그럴 수가 없다. 그렇다 보니 이곳 석불은 모두 크기가 작으며 형상도 거칠고 모양도 투박할 수밖에 없는 것이다. 화강암을 사용했을 때보다 제작 시간이 훨씬 단축되었을 것이 당연하다.

운주사 석불이 지닌 또 하나의 형태적 특징은 몸체가 크기에 비해 상대적으로 얇고 길쭉길쭉하다는 것이다. 화산쇄설물은 일종의 퇴적암이기 때문에 층리라고 부르는 줄무늬가 발달하는 것이 특징이다. 이러한 줄무늬로 인해 기반암에서 바위를 떼어낼 때는 마치 양파껍질처럼 얇게 벗겨진다. 이렇게 떼어낸 암석을 이용해 석불을 조각하다 보니 모양이 얇고 길어지게 된 것이다. 그래서 운주사의 석불은 모두 넓고 납작한 돌에 새긴 '석판화'처럼 보인다.

운주사 화산쇄설암의 퇴적암적 특징이 가장 잘 반영된 것이 운주사 석불의 중심이 되는 와불과 신비로운 칠성바위다. 와불과 칠성바위는 암석을 떼어내지 않고 그대로 기반암을 조각한 것이다. 와불의 경우 조각을 완성한 뒤 떼어내려 했던 흔적이 남아 있다는 주장도 있다. 조각 방식은 다르더라도 운주사 천불 천탑이 화순의 자연지리적 산물임에는 틀림없다.

퇴적암의 산물인 운주사 와불 산 전체를 하나의 거대한 양파라고 가정하면 와불은 양파껍질에 조각되어 있다고 볼 수 있다. 양파껍질도 평탄하지 않고 둥글게 경사져 있듯 이곳 산지의 암석도 마찬가지다. 와불의 머리 부분은 다리 부분보다 남쪽 방향으로 5도 정도 기울어져 있다.

퇴적암의 산물인 칠성바위
북두칠성을 의미하는 일곱 개의 바위는 마치 호떡처럼 둥글넓적하게 조각되어 있다. 칠성바위는 고려시대 칠성신앙의 근거지이자 천문학적 관측자료로서의 가치도 높은 것으로 알려졌다.

제6부

한국인의 지리인식

52

「봉길이 지리공부」와 한반도 호랑이의 탄생

일제강점기 시절 최남선의 행적에 대한 비판도 있지만 그가 지리사상가이자 지리교육자로서 우리의 근대지리학에 적지 않은 영향을 준 사람임을 부인할 수는 없다.

최남선의 지리학적 업적은 특히 잡지 ≪소년≫에 잘 나타나 있다. ≪소년≫은 최남선이 자신의 지리교육 사상과 철학을 실천한 공간이기도 했다. 특히 연재 형식으로 실린 「해상대한사(海上大韓史)」, 「쾌소년 세계주유시보」 그리고 「봉길이 지리공부」 등은 많은 지면을 할애한 일종의 지리 전문 칼럼이었다.

「해상대한사」는 총 10회에 걸쳐 게재되었고, 「쾌소년 세계주유시보」는 7회 그리고 「봉길이 지리공부」는 6회에 걸쳐 게재되었다.

「해상대한사」에서 최남선이 강조한 것은 한반도에 있어 바다가 지닌 특성과 중요성이다. 그는 삼면이 바다로 둘러싸인 한반도의 무한한 지리적 가능성과 민족적 자긍심을 국민들에게 심어주고자 애썼다. 특히 반도국이라는 자연지리적 특성이 국가 발전에 어떠한 영향을 주는지 구체적으로 언급하고 있다.

「쾌소년 세계주유시보」는 최동건이라는 열다섯 살 소년이 세계를 여행하면서 느낀 소감들을 서신 형태로 대한 소년에게 보내는 형식이다. 여기에 담긴 주제는 개화에 대한 열망이다.

「봉길이 지리공부」에서는 테마별·지역별 지리지식을 다양하게 소개하고 있다. ≪소년≫ 1-1권 첫 기사를 쓰면서, "지리학이 어떻게 요긴하고 중요한지 그리고 재미있는 것인지를 알려면 정신 차려 이 글을 보시오"라고 적어놓고 있다.

바로 이 「봉길이 지리공부」 칼럼에 등장하는 것이 '맹호가 뒷발로 서서 유라시아 대륙을 향해 달려드는 자세'로 표현된 한반도 모습이다. 이 그림은 한

최남선이 고안한 한반도 호랑이 자료: ≪소년≫ 1-1권, 67쪽.

반도의 국토 외관을 '토끼 모양'으로 비유한 일본의 고토 분지로의 견해를 정면으로 반박하며 최남선이 한반도를 '호랑이 모양'으로 독창성 있게 표현한 것이다. 이는 '조선정신의 강인함'을 계몽하려는 생각에서였다. 한반도의 호랑이는 이렇게 탄생한 것이다.

≪소년≫ 1-2권의 특집으로 게재된 기사인 「지도의 관념」은 ≪소년≫ 1-1권의 「봉길이 지리공부」에 실렸던 '호랑이 형상의 국토외관'에 대해 ≪황성신문≫에서 호평받았던 기사를 다시 옮겨놓은 것이다. 이 기사에서 그는 다시 '토끼 형상'과 '호랑이 형상'을 비교함으로써 한 장의 지도가 얼마나 독자들에게 강한 이미지를 전달해주는지를 역설하고 있다.

53
때 아닌 **한반도**의 배꼽 싸움

한반도의 배꼽을 두고 논쟁이 한창이다. 백두대간을 한반도의 척추 그리고 휴전선(DMZ)을 한반도의 허리라고 한다. 그러면 배꼽은 어딜까? 이를 두고 양구와 포천 그리고 충주 간에 지리적 위치 싸움이 뜨겁다.

한 고장의 지리적 위치를 놓고 이렇듯 치열하게 논쟁을 벌인 예는 없었다. 이제는 지리적 위치 자체가 지적 재산이 되는 세상이다. 마땅한 자원이 없는 경우 그 지역만이 갖는 고유의 지리적 특성이 지역 정체성을 살리고 관광산업 자원으로 활용하는 데에 매우 중요하기 때문이다. 한반도 땅끝마을 해남이나 국토 남단 마라도는 그 이름만으로도 지역 이미지 홍보에 큰 덕을 보고 있고, 이름 때문에라도 들러보게 되는 38선 휴게소도 양양과 포천 두 군데나 있다. 해돋이의 명소로 일찌감치 자리 잡은 정동진은 두말할 것도 없다.

양구의 배꼽은 한반도 영토의 한가운데에 있다. 흔히 한반도의 영토를 이야기할 때 4극점을 말하는데, 이는 경북 울릉군 독도(동), 평북 용천군 비단섬

(서), 제주도 남제주군 마라도(남), 함북 온성군 유포면(북) 등이다. 이 네 점들을 연결했을 때 두 개의 선이 만나는 곳이 지리적으로 경도 128도 2분, 위도 38도 3분인데 이 지점은 양구군 남면 도촌리에 있다. 이로 인해 도촌리는 '배꼽마을'이라는 별명이 붙었고 국토 정중앙 표지석까지 세워놓았다.

포천의 배꼽은 한반도 육지의 한가운데에 자리 잡고 있다. 육지만을 기준으로 했을 때 중심은 위도 38도 1분과 경도 127도 26분이 만나는 영중면 성동리가 한반도의 중심이라고 주장한다. 포천을 지나는 한반도의 허리인 38도선은 포천의 입장에서는 매우 유리한 조건이다. 포천시가 기준으로 삼은 한반도 끝자락은 함북 경흥군 노서면(동), 평북 용천군 용천면(서), 전남 해남군 송지면(남), 함북 온성군 유포면(북)이다.

양구의 국토 정중앙탑 사진 제공: 양구군청 문정호

충주의 배꼽은 한반도 역사의 중심에 있다. 가금면 탑평리에 위치한 중앙탑(공식명칭은 중원탑평리 7층 석탑)이 그곳이다. 충주는 삼국시대에는 삼국의 접경이었고, 통일신라의 중앙이었다. 충주의 옛 지명인 국원(國原)과 지금도 쓰이는 중원(中原), 중주(中州)는 모두 국토의 중앙이라는 의미다. 중

| 한국지리 이야기 |

충주의 중앙탑

앙탑은 신라 문성왕 때 국토의 중앙을 표시하기 위해 세운 것으로 전해진다. 당시 국토의 중앙점을 정확히 알기 위해 보폭이 같은 사람들을 남쪽과 북쪽에서 각각 출발하게 하여 서로 만난 장소를 지정해 지금의 중앙탑을 세웠다는 전설도 전해진다. 조금 비켜가기는 했지만 수도 이전으로 논란이 많았던 행정중심복합도시도 인근에 조성되고 있다. 역사의 아이러니가 아닐까?

한반도 중앙 논쟁에 끼어든 도시로는 여수도 있다. 이곳은 한반도의 중앙경선이 지난다는 것을 강조해 국토 남단의 정중앙임을 내세우고 있다. 등산인들은 화악산이 국토의 정중앙에 자리한다고 강조한다. 이들은 화악산이 삭주-울산, 중강진-여수, 백두산-한라산을 연결한 선과 북위 38도선이 교차하는 곳임을 강조하면서, 단군이 묻혔다는 설화를 덧붙이기도 한다.

54
정약용의
하천지리학 『대동수경』

한국은 산악국가다. 평야가 적고 산과 하천 경관이 주가 된다는 뜻이다. 이러한 환경은 우리의 국토를 산과 하천으로 구분하는 이분법적 사고를 갖게 했다. 우리가 보통 쓰는 '한국의 산하'라는 표현도 이와 무관하지 않다.

『산경표』는 산, 『대동수경』은 하천을 잣대로 하여 우리 국토를 살피고자 했던 선조들의 대표적인 지리서다.

『산경표』는 잘 알려져 있듯이 한국 산의 계보를 일목요연하게 정리한 책으로, 백두산에서 지리산까지의 백두대간 개념도 이 책에서 나왔다.

상대적으로 잘 알려져 있지 않은 『대동수경』은 조선 후기 실학의 집대성자인 다산 정약용(1762~1836년)의 저서다. 그는 한반도 주요 하천에 대해 발원지에서 하구까지의 경로를 기록한 한편, 하천과 주변 지역의 관련 역사 등을 사실적으로 적었다.

남양주시 조안면 능내리에 가면 다산문화의 거리가 있다. 남한강과 북한강이 만나는 이곳 한강변 마현마을에서 태어나 같은 곳에서 생을 마친 정약용은 무엇보다 하천에 관심이 많았다.

하천에 대한 정약용의 관심과 사랑은 그의 호에도 잘 나타나 있다. 정약용만큼 많은 호를 가졌던 이도 없을 듯한데, 몇 개만 예를 들면 사암(俟菴), 다산(茶山), 열수(洌水), 열초(洌樵), 열상(洌上), 탁옹(蘀翁), 균암(筠菴) 등이 있다. 사암은 본래의 호였고, 다산은 '다산초당(茶山艸堂)'에서 비롯되어 쓰였다. 열수, 열초, 열상은 모두 한강과 관련해 쓰인 호인데 정약용은 이 호들을 특히 즐겨 썼다.

정약용은 한강을 옛 지명 '열수(洌水)'라고 부르면서 이를 항상 자신의 이름 앞에 붙여 쓰기를 즐겼다. 한강을 강조해 열수 정약용(洌水 丁若鏞), 한강 상류에 산다고 하여 열상노인(洌上老人), 그리고 한강가에서 꼴 베는 농부라는 뜻으로 열초라 했다. 열수는 고려 때 '큰 물줄기가 맑고 밝게 뻗어 내리는 긴 강'이란 뜻으로 부른 한강의 이름이다.

정약용은 하천의 이름에 특히 관심을 기울였다. 정약용은 『사기』의 기록을 근거로 북한강을 산수(汕水), 남한강을 습수(濕水) 그리고 이 둘이 만난 한강을 열수라 칭했다. 정약용은 "북한강의 물은 모두 뭇 산골짜기에서 나오니 이것이 산수요, 남한강의 물은 모두 원습지에서 나오니 이것이 습수"라고 하여 산수와 습수의 근원을 설명했다.

정약용은 한강뿐 아니라 한반도 하천에 모두 '수'를 붙여 새로운 이름을 부여했다. 이는 중국의 하천을 '강'과 '하'라고 하는 데에 있어 우리의 하천을 중국과 구별해 독립적인 의미로 쓰기 위함이었다. 녹수는 압록강, 만수는 두만강, 살수는 청천강, 패수는 대동강, 저수는 예성강, 대수는 임진강, 장수는 장진강의 새로운 이름이었다.

정약용의 묘에서 내려다본 생가 정약용의 묘는 능내리 다산기념관에서 가장 높은 곳에 자리하고 있다. 사진 앞쪽이 그의 생가이고 멀리 한강이 보인다.

마현리 다산문화의 거리
다산기념관 주변은 다산문화의 거리로 조성되어 주말이면 많은 관광객들이 찾는다. 마을 이름이었던 마현골이라는 간판이 눈에 띈다.

정약용은 이미 200년 전, 정조에게 올린 『지리책(地理策)』에서 다음과 같이 지리학의 어려움과 중요성을 동시에 강조했던 참으로 위대한 인물이다.

"온 세상에서 궁구해낼 수 없는 것이 지리다. 온 세상에서 밝혀내지 아니할 수 없는 것도 지리보다 더한 것이 없다〔天下之不可窮者地理也, 天下之不可不明者 亦 莫如地理也〕."

55
조강을 아십니까?

      영화 〈공동경비구역 JSA(Joint Security Area)〉는 우리로 하여금 다시 한 번 휴전선을 생각하게 했다.

    휴전선은 우리가 어렸을 적부터 들어온, 귀에 익은 명칭이다. 이를 가리키는 이름들은 늘 혼란을 준다. 군사분계선(MDL: Military Demarcation Line)이라고도 하는 휴전선의 개념과는 전혀 다른 의미를 담은 명칭도 있다. 바로 비무장지대(DMZ: DeMilitarized Zone), 한강하구(Han River Estuary) 중립지역 그리고 북방한계선(NLL: Northern Limit Line)과 북방경계선(NBL: Northern Boundary Line) 등이다.

휴전선의 명칭 자료: 김창환(2007), 저자 수정

비무장지대는 군사분계선에 의해 인위적으로 탄생한 장소로 동해안(고성군 명호리)에서 한반도를 가로질러 서해안(임진강 하구)을 연결한 군사분계선을 따라 남북으로 각각 2킬로미터씩 설정된 지대다. 그러나 임진강 하구의 지형이 매우 복잡한 만큼 군사분계선이나 비무장지대의 개념도 애매하게 사용되어왔다. 정확한 근거가 되는 것이 정전협정문으로서 여기에서는 파주시 장단면 정동리로 명기하고 있다. 비무장지대는 남과 북의 주권이 미치지 못하는 곳으로 남북한의 민간 이용이 금지된다는 점이 장소 개념에 있어 가장 주요한 부분이다.

오두산 통일전망대에서 바라본 북한지역

오두산 통일전망대 이곳은 내국인은 물론 중국과 일본 관광객도 많이 찾는 곳이다.

한강하구 중립지역

군사분계선과 비무장지대가 끝나는 파주 정동리부터 서해까지는 육지도 아니고 바다도 아닌 특별한 지역이 펼쳐진다. 이 지역은 임진강 하구 정동리부터 강화도 끝 섬에 이르는 구간으로서, 한강하구 중립지역으로 불린다. 일종의 공동관리구역이다. 판문점에 있는 공동경비구역의 사촌 격 장소라고 볼 수도 있다.

그러나 한강하구 중립지역이 정식 지리적 명칭은 아니며 한국전쟁 이후 군사적 용어로 탄생한 것이다. 이전에는 이 일대를 조강(祖江)이라 불렀다. 임진강이 한강에 합류해 서해로 흘러드는 곳이다.

한강하구 중립지역은 그 명칭에서도 알 수 있듯 육지에서와 같은 '군사분계선'은 없다. 그러면 이곳 한강하구 중립지역과 비무장지대는 어떻게 다를까?

한강하구 중립지역이 시작되는 곳
오른쪽에서 흘러온 임진강이 왼쪽의 한강과 만나 황해로 흘러간다. 두 강이 만난 이후의 한강하류 구간을 조강이라 부르기도 한
다. 사진 왼쪽에 보이는 곳이 김포반도이고 오른쪽 임진강 건너 육지가 개성 외곽지대다.

한마디로 말하자면, 비무장지대
로의 출입은 유엔사의 허가를
받아야 하지만 한강하구에는 군
사분계선이 없으므로 유엔사의
허락이 필요하지 않다는 점이
다르다.

한강하구 중립지역은 정전협
정에 따라 분명히 민간인 출입

한강하구 중립지역 지형 모형

을 허용한 지역인데도 우리는 수십 년간 비무장지대의 연장선으로 잘못 인식
해 접근하지 못한 채 지내왔다. 아이러니하게도 그 결과 일반인의 출입이 수
십 년간 통제된 이곳의 천연습지대가 생태계의 보고로 남을 수 있었다. 한강
하구 중립지역이 민간인도 출입할 수 있는 지역임을 새삼 깨닫게 됨에 따라
다양한 시도가 이루어지고 있다. 2005년부터 열린 정전협정 기념일(7월 27일)
의 한강하구 평화의 배 띄우기 행사가 좋은 예다.

조강을 거쳐 서해로 나온다고 해서 문제가 해결되는 것은 아니다. 동해안과 달리 섬들이 복잡하게 얽혀 있어 남북의 경계선을 구획한 것만도 녹록하지 않다. 한강하구 중립지역이 끝나는 서해안에서부터는 북방한계선이 설정되어 있다.

우리가 보통 서해 5도라 부르는 백령도, 대청도, 소청도, 연평도, 우도는 바로 북방한계선을 설정할 때 이용된 남한의 최북방 영토인 것이다. 북방한계선은 북한 측 옹진반도 사이에 그어진 중간선(위도 37도 35분과 38도 3분 사이)이다.

물론 북방한계선은 동해에도 설정되어 있다. 그러나 섬이 없는 동해안은 군사분계선을 바다로 연장한 선을 북방경계선이라고 했는데, 후에 이것도 북방한계선이라 부르게 되었다.

56
DMZ, 한국의
옐로스톤을 꿈꾼다

최근 비무장지대에 접경생태공원(Transboundary Park)을 조성하자는 움직임이 대두하고 있어 관심을 받고 있다. 이를 직접 이끌고 있는 사람은 비무장지대 포럼의 홀 힐리(Hall Healy) 회장이다. 비무장지대 포럼은 미국 뉴욕에 본부를 둔 비정부기구(NGO)로서, 'DMZ라는 세계적으로 유례없는 자연생태자원을 보존할 수 있도록 돕는' 일을 하고 있다.

접경생태공원은 오랫동안 자연생태를 유지하고 있는 국경지역의 생태자원을 개발해 만든 환경테마여행 지대를 말한다. 원래 생태공원의 성공사례는 미국의 옐로스톤이지만, 많은 지역들이 개발되어 자연생태자원이 보존된 곳을 찾기 어려워졌기 때문에, 인위적으로 개발이 제한된 국경지역으로 눈을 돌리게 된 것이다.

접경생태공원은 남아프리카공화국에 15개가 있고 동유럽과 서유럽의 경계에도 조성되는 것으로 알려져 있다.

습지생태계가 잘 보호되고 있는 한강하구 중립지역

서해 특정도서로 지정되어 보호받고 있는 강화군 비도 사진 제공: 성신여대 성운용
괭이갈매기, 가마우지, 저어새 등이 다량 번식하는 생태계의 보고다.

한국의 옐로스톤 후보지가 DMZ만은 아닐 것이다.

DMZ가 육지생태계의 보고라면, DMZ에서 서해로 연결되는 한강하구 중립
지역은 습지생태계의 보고다. 그뿐인가? 슬픈 역사의 땅 백령도로 대표되는
서해 5도 일대의 북방한계선 구역은 바다의 천연생태계를 고스란히 간직하고
있다. 그리고 강화군 서도면과 삼산면 일대의 8개 섬(우도, 비도, 석도, 수리봉,
수시도, 분지도, 소송도, 대송도)은 특정도서로 지정되어 자연생태경관이 잘 보호
되고 있다.

CHAPTER **57**

한라산은
어디를 말하는 것일까?

한라산은 금강산, 지리산과 함께 삼신산으로도 불리는, 한반도의 3대 명산이다. 신선사상과 관련해 금강산은 봉래산(蓬萊山), 지리산은 방장산(方丈山), 한라산은 영주산(瀛洲山)이라고 한다. 한라산은 그 모양을 가리켜 봉우리마다 평평하다 하여 두무악(頭無岳), 높고 둥글다고 하여 원산(圓山)이라 했다. 그리고 백록담 모양이 커다란 솥과 같다고 하여 부악(釜岳)이라고도 했다.

"제주도 갔다가 시간이 없어서 한라산은 올라가지 못하고 왔다."

우리가 주변에서 흔히 듣는 말이다. 맞는 말일까?

결론부터 말하면 지리학적으로는 틀린 말이다. 알다시피 제주도는 화산섬으로 섬 자체가 산이기 때문이다. 제주도 어느 곳에 가든지 한라산 정상을 볼 수 있고 실제로 제주도 토박이들은 한라산이 곧 제주도요, 제주도가 바로 한라산이라는 생각을 하며 산다. 바닷가 마을에서도 이곳이 바닷가가 아니라 한

| 제6부_한국인의 지리인식 |

제주도 남쪽 해안에서 바라본 한라산 오른쪽에 멀리 보이는 것이 한라산이고 왼쪽에 있는 것은 산방산이다.

라산 자락임을 느끼며 산다는 말이다.

한라산은 한반도를 대표하는 산이다. 한반도 전체를 통틀어 두 번째, 남한에서는 첫 번째로 높은 산이다. 풍수지리적으로는 백두산에서 비롯된 기운이 한반도를 따라 내려오다가 바다 밑으로 잠시 숨은 뒤 다시 남쪽 끝에서 솟아오른 산으로 인식된다. 한반도 전체를 말할 때 흔히 '백두에서 한라까지'라는 표현을 즐겨 쓰는 것에는 이러한 인식이 깔려 있다.

그렇다면 왜 많은 사람들이 제주도와 한라산을 분리된 것으로 인식하고 있을까? 우리 마음속 저 깊숙한 곳에 '산'에 대한 이미지가 너무 강하게 각인되어 있어서는 아닐까? 한반도를 상징하는 태백산맥의 뿌리 속에서 살아온 우리에게 산도 아니고 평야도 아닌 제주도의 부드러운 화산체는 산이라고 하기엔 너무 약한 존재일 수 있다.

그러면 사람들이 진정한 의미에서 한라산으로 느끼는 곳은 어디부터일까? 한라산을 도대체 어디까지 올라갔다 와야 사람들은 자신 있게 '한라산 갔다 왔다'고 할 수 있을까?

이 경우 해발 몇 미터라는 단순한 숫자를 기준으로 삼는 것은 별 의미가 없다. 평지에서는 느낄 수 없지만 산에서만 느껴지는 이질적 체험을 할 수 있는 구간이 어디부터인지가 훨씬 중요하다. 사람들은 산을 해발고도라고 하는 수치가 아니라 몸으로 느껴지는 이질적 장소, 동경의 장소 등으로 인식해왔기 때문이다.

그러면 이처럼 우리 마음속에 자리 잡은 산의 이미지를 만족시켜줄 수 있는 한라산의 시작은 어디부터일까? 이런 측면에서 보면 한라산 국립공원지역으로 지정한 범위는 확실히 산이다. 제주도 사람이든 육지 사람이든 이 공간에 들어서는 순간 모두 새로운, 산이라는 이질적 공간에 들어왔음을 깨닫게 된다. 이곳은 산에서 누릴 수 있는 골짜기, 능선, 숲, 바위 등이 어우러져 색다른 경관을 만들어내고 있기 때문이다. 해발고도로 보면 대략 600~650미터 선부터다.

그러나 좀 더 지리적인 한라산의 경계선은 이보다 아래쪽으로 내려간다. 지리적으로 산은 인간의 접근이 어려운 동경의 대상이기도 하지만, 평지가 부족한 한반도의 경우 평지를 대신할 수 있는 산지를 취락이나 특수 경작지로 적절히 이용하는 독특한 산지경관이 형성된다. 즉, 이러한 산지경관이 평지와 산지의 점이지대이자 산지와 평지의 경계가 된다.

이러한 관점에서 보면 한라산의 경우 해발 500미터 근처에 자리한 목장지대가 한라산을 해안평야지대와 산간지대로 나누는 진정한 지리적 경계선이 되지

제주 중산간지대의 목장경관

않을까? 이 경계는 산지 취락민을 제외한 제주도민조차 일상적으로 생활하는 공간이 아닐뿐더러 큰 맘 먹고 땀 흘려 찾아야 하는 곳이기에, 이곳이야말로 마음속에 새겨진 진정한 산의 공간이 시작되는 지점이라고 할 수 있다.

CHAPTER **58**

무너진 **숭례문과**
다크투어리즘

2008년 2월, 온 국민을 충격에 몰아넣은 사건이 발생
했다.

국보 1호, 한국 고건축물의 상징인 숭례문이 화염 속에 무너져 내렸다.

숭례문은 필연적으로 불과 질긴 인연을 맺고 있다. 숭례문의 '숭'과 '례' 자
는 풍수적으로 불을 의미한다. 불을 불로 다스려 화재를 방지한다는 의미로,
관악산에서 뻗어 나오는 화기로부터 경복궁을 지키고자 풍수지리적 관점에서
붙은 이름이다. 숭례문의 현판이 다른 문과는 달리 숭이 례를 내려누르도록
종서로 쓰여진 것도 이 때문이다.

그뿐인가? 숭례문 앞에는 남지(南池)를 파서 관악산의 화기를 막고자 했고,
숭례문에서 경복궁에 이르는 길도 화기를 피하기 위해 똑바로 내지 않고 광
교-종각 쪽으로 돌아가도록 했다. 게다가 광화문 좌우에는 해태를 두어 마지
막 불길을 막았다. 경복궁을 지키고자 4중 장치를 해놓았다. 그런데 그 숭례문

남지터에서 바라본 숭례문터 2008.2.21

누각에 불이 붙었고 결국 숭례문은 한 줌의 잿더미가 되었다.

　말하기 좋아하는 사람들, 특히 풍수지리 신봉자들은 숭례문에 불이 난 것은 광화문 양 옆을 지키던 해태가 사라졌기 때문이라고도 했다. 공교롭게도 광화문 복원 공사를 위해 일시적으로 해태를 치워놓은 상황에서 숭례문에 불이 났기 때문이다. 역사의 비극은 풍수지리를 다시금 뒤돌아볼 계기를 선사했다.

　숭례문의 남쪽에 있던 연못, 즉 남지는 풍수지리적으로 비보(裨補) 풍수에 해당된다. 비보 풍수는 풍수지리적인 면에서 자연환경만으로는 부족함이 있을 때 이를 보완하기 위해 주변 지형을 인위적으로 변형하고 조성해 새로운 환경으로 만드는 것을 말한다. 이러한 비보 풍수 유형에는 자연물로 숲이나 산, 못을 새롭게 만들거나, 인공물로 사탑과 조형물을 세우는 방식이 있다. 숭례문의 남지터는 비보못에 해당된다. 비보못의 가장 큰 기능은 화기가 성한 곳에 못을 파둠으로써 물로 불을 다스리게 한다는 것이다.

　태안 앞바다 기름 유출 사고에 쏠렸던 온 국민의 눈과 귀는 숭례문 화재현장으로 집중되었다. 주요 일간지에는 충격에 빠진 국민의 정서를 전하는 한편 '다크투어리즘(Dark Tourism: 참사현장 체험 관광)'이라는 말이 활자화되었다. 원자폭탄이 투하되었던 일본의 히로시마가 국내외를 막론하고 주요한 관광지가 된 것을 선례로 삼자는 것이다. 실제로 많은 국민이 숭례문 다크투어리즘에 참가하고 있고, 외국인 관광객도 발길을 돌릴 것이라는 우려와는 달리 일부러 찾아와 화재현장을 둘러본다고 한다. 서둘러 화재현장을 가리고, 조바심 내면서 잿더미를 치우기보다 차분하게 현장을 보전하면서 여유 있는 마음으로 대처해나가야 할 필요성이 여기에 있다.

분한 마음을 억누르고 어느새 과거의 부족하고 잘못했던 부분을 반성하는 계기로 삼자며 떳떳하게 현장을 보여주려는 성숙한 시민의식이 싹트고 있는 것 같아 숭례문이 사라져 허전한 한편으로 뿌듯한 마음이 들기도 한다.

숭례문의 옛 모습 2005.6

불탄 숭례문을 애도하는 시민들 2008.2.21

그러고 보니 삼풍백화점 붕괴현장, 성수대교 붕괴현장, 태안 기름 유출현장 등은 너무 쉽고 빠르게 덮어버린 것은 아닌가 하는 아쉬움이 남는다.

| 한국지리 이야기 |

59
옥녀금반의 명당
단양휴게소

이제 고속도로 휴게소는 쉬어가는 장소만은 아니다. 자동차로 이용할 수 있는 가장 편리하고 즐거운 복합놀이 공간이 된 것이다. 이를 반영하듯 휴게소들은 저마다 지리적 위치를 활용해 자체 브랜드를 개발하고 이를 적극적으로 홍보하고 있다.

50번 영동고속도로 인천 방향의 덕평휴게소는 마치 주상복합 아파트같이 편리하며, 친환경 휴게소로 널리 알려져 궁금해서라도 한 번 들러보는 장소가 되었다. 65번 동해고속도로 옥계휴게소는 동해바다를 조망할 수 있는 명당에 자리 잡았고, 55번 중앙고속도로 단양휴게소는 소백산맥 능선부에 자리해 독특한 분위기를 연출한다.

이 중 특히 단양 휴게소는 그 '콘셉트'가 독특하다. 휴게소로 들어가려면 고속도로를 벗어나 한참 산허리를 따라 빙글빙글 돌아 올라가야 한다는 점도 그렇고, 휴게소 곳곳에 적힌 '옥녀금반(玉女金盤)'이라는 홍보 문구도 일반인에게는 사뭇 생소하다. 즉, 이곳은 바로 한국 사람이면 피해갈 수 없는 풍수지리를 강조한 휴게소다.

단양휴게소는 지리적으로 소백산맥 중턱에 자리하고 있어 도로변에서는 넓은 부지를 마련하기 어려워 도로에서 다소 멀고 높은 곳의 '옥녀금반' 상에 자리를 잡았다. 서해안 고속도로의 행담도휴게소가 서해대교에서 한참 아래쪽으로 내려가 바닷가에 있는 것에 견줄 만하다. 단양휴게소에서 다시 고속도로로 진입해 좀 더 부산 쪽으로 내려가면, 우리나라의 도로 터널로서는 가장 길다는 죽령터널이 나온다. 단양휴게소가 얼마나 험하고 높은 산지에 자리 잡았는지를 알 수 있다.

옥녀금반이란 옥녀가 금쟁반을 높이 들고 있는 모양을 한 명당이라는 뜻이다. 휴게소에 올라보면 실제로 일종의 고위평탄면 지형으로서 소백산(동), 금

옥녀금반을 강조하는 단양휴게소

전통적인 농기구를 전시해 놓은 단양휴게소 테마공원   단양휴게소 내에 복원된 현곡리 고려고분

수산(서), 칠성산(남), 장군봉(북) 등의 산이 둘러싼 분지지형이기도 하다.

휴게소에 올라 소백산맥 능선을 여유롭게 조망해보는 것도 운치 있지만, 뒤뜰에 있는 테마공원과 고려고분도 볼거리를 제공한다. 테마공원은 강원도의 전통 농촌생활을 엿볼 수 있는 생활도구가 전시되어 있어 어린아이에게 교육적으로도 훌륭한 장소다. 단양군 적성면 현곡리의 고분을 복원해놓았는데, 벽과 덮개돌로 단양 특산물인 석회암을 사용한 것이 독특하다.

::참고 자료::

건설교통부 · 국토지리정보원. 2007. 『대한민국 국가지도집』.

공우석. 2007. 『생물지리학으로 보는 우리식물의 지리와 생태』. 지오북.

권동희. 1995. 『환경생태학』. 신라출판사.

_____. 1996. 『환경과 사회』. 신라출판사.

_____. 2004. 「최남선의 지리사상과 소년지의 지리교육적 가치」. ≪한국지리환경교육학회지≫, 12-2, 219~228쪽.

_____. 2006a. 『(개정판) 지리이야기』. 도서출판 한울.

_____. 2006b. 『한국의 지형』. 도서출판 한울.

_____. 2007. 『지형도 읽기』. 도서출판 한울.

권동희 외. 1989. 『자연과 인간』. 신라출판사.

_____. 1991. 『교양지리』. 신라출판사.

_____. 1993. 『한국의 자연관광』. 백산출판사.

권혁재. 1996a. 『한국지리: 지방편』. 법문사.

_____. 1996b. 『한국지리: 총론편』. 법문사.

_____. 2004. 『남기고 싶은 우리의 지리이야기』. 산악문화.

_____. 2007. 『남기고 싶은 지리사진들』. 법문사.

김농오. 2006. 「증도 우전리 마을 주민의 인간생태에 관한 연구」. ≪한국도서연구≫, 18(1), 55~76쪽. 사단법인 한국도서학회.

김범훈 · 김태호. 2007. 「제주도 용암동굴의 보존 및 관리방안에 관한 연구」. ≪한국지역지리학회지≫, 13(6), 609~622쪽.

| 한국지리 이야기 |

김연옥. 1994.『한국의 기후와 문화』. 이화여자대학교 출판부.

김주환 · 권동희. 1990.『지구환경』. 신라출판사.

김주환 외. 1993.『환경과 생활』. 신라출판사.

김창환. 2007.「DMZ의 공간적 범위에 관한 연구」.≪한국지역지리학회지≫, 13(4), 454~460쪽.

나연숙. 2007.「조선시대 평해로 연구: 울릉도 검찰일기에 나타나는 기록을 중심으로」. 동국 대학교 교육대학원 석사학위 논문.

대한민국수로국. 1988.『한국연안수로: 남해안편』, 제3권.

도도로키 히로시. 2004.「구한말 '신작로'의 건설과정과 도로교통체계」.≪대한지리학회지≫, 39(4), 585~601쪽.

≪동아일보≫. 1991.4.11.

라우텐자흐, 헤르만. 1998.『코레아: 답사와 문헌에 기초한 1930년대의 한국 지리, 지지, 지 형 Ⅰ』. 김종규 · 강경원 · 손명철 옮김. 민음사.

류제현. 2006.『한국문화지리』. 살림.

리홍섭. 1986.『지리상식백과(1)』. 과학백과사전출판사.

문태준. 2000.『수런거리는 뒤란』. 창비.

박일환. 1994.『우리말 유래사전』. 우리교육.

범선규. 2003.「'조선8도'의 별칭과 지형의 관련성」.≪대한지리학회지≫, 38(5), 686~700쪽.

부산대학교 부산지리연구소. 2006.『오건환 교수 정년퇴임 기념 대표 논문 선집: 한국의 해 안지형』.

서정욱. 2006.「지리적 표시제 도입이 지역 문화사업 진흥에 미치는 영향: 보성녹차를 사례 토」.≪한국지역지리학회지≫, 12(2), 229·244쪽.

성운용. 2007.「강화군 특정도서의 지형경관」.≪한국사진지리학회지≫, 17(3), 45~56쪽.

손인석 · 이문원. 1984.『제주도는 어떻게 만들어진 섬일까?: 제주화산도의 지질과 암석』. 도서출판 춘광.

신기철 · 신용철. 1980.『새우리말큰사전』. 삼성출판사.

양승영. 2001.『지질학사전』. 교학연구사.

엄정선. 2007.「소년지의 봉길이 지리공부에 나타난 최남선의 지리교육사상」. 동국대학교

교육대학원 석사학위 논문.

오상학. 2006. 「조선시대 한라산의 인식과 표현」. ≪지리학연구≫, 40(1), 127~140쪽.

이상태. 1991. 『조선시대 지도연구』. 동국대학교 대학원 박사학위 논문.

이영희. 2007. 「전통온천과 신설온천의 지질학적 특성 비교」. ≪대한지리학회지≫, 42(6), 851~862쪽.

이우평. 2007. 『지리교사 이우평의 한국지형산책 2』. 푸른숲.

이윤화. 2006. 「서해안갯벌과 주민생활」. ≪한국지역지리학회지≫, 12(3), 339~351쪽.

이케다 히로시. 2002. 『화강암 지형의 세계』. 권동희 옮김. 도서출판 한울.

이태호 외. 2007. 『운주사』. 대원사.

이학원 외. 2005. 『지리와 한국인의 생활』. 강원대학교 출판부.

이혜은·이형근. 2006. 『만은 이규원의 울릉도검찰일기』. 한국해양수산개발원.

장영진. 2006. 「이주 노동자를 대상으로 하는 상업 지역의 성장과 민족 네트워크: 안산시 원곡동을 사례로」. ≪한국지역지리학회지≫, 12(5), 423~539쪽.

전영권. 1997. 「경남밀양 얼음골 일대의 지형적 특성: talus를 중심으로」. ≪한국지역지리학회지≫, 3(1), 165~182쪽.

_____. 2005. 「독도의 지형지」. ≪한국지역지리학회지≫, 11(1), 19~28쪽.

전영신. 2005.5.2. "흙비와 황사". ≪동국대학교 대학원 신문≫.

정동주. 2004. 『한국의 소나무: 정동주의 나무사랑』. 명상.

조성기. 2006. 『한국의 민가』. 도서출판 한울.

≪주간조선≫. 2000호(2008.4.14.), 2003호(2008.5.5.).

≪중앙일보≫. 2004.11.4, 2007.8.7, 2007.8.11, 2007.8.14, 2007.8.24, 2008.1.15, 2008.1.25, 2008.6.18.

최광용 외. 2002. 「남한의 체감 무더위의 기후학」. ≪대한지리학회지≫, 37(4), 385~402쪽.

_____. 2006. 「우리나라 사계절 개시일과 지속기간」. ≪대한지리학회지≫, 41(4), 435~456쪽.

최영준. 1975. 「조선시대의 영남로 연구: 서울~상주의 경우」. ≪지리학≫, 12호, 53~82쪽. 대한지리학회.

_____. 1983. 「영남로의 경관변화」. ≪지리학≫, 28호, 1~17쪽. 대한지리학회.

최원석. 2002. 「한국의 비보풍수론」. ≪대한지리학회지≫, 37(2), 161~176쪽.

최종덕. 2006.『조선의 참 궁궐 창덕궁』. 눌와.

한국고전신서편찬회. 1991.『속담풀이 사전』. 홍신문화사.

한국문화역사지리학회. 2003.『우리국토에 새겨진 문화와 역사』. 논형.

_____. 2008.『지명의 지리학』. 푸른길.

한국지구과학회. 1995.『최신지구학: 50억 년의 다이내믹스』. 교학연구사.

한국학중앙연구원. 1991.『디지털한국민족문화대백과사전』. (주)동방미디어.

홍시환. 1995.『한국의 동굴』. 대원사.

IT인재교육개발원. http://aiit.tistory.com

KBS. http://kbs.co.kr

KDI. http://epic.kdi.re.kr

PGEOS. www.pgeos.com

가자 주류백화점. http://www.kkaja.co.kr

고성 명태축제. http://myeongtae.com

광주지방기상청. http://gwangju.kma.go.kr

국가기록포털. http://contents.archives.go.kr

국립민속박물관. www.nfm.go.kr

국토연구원. http://forum.krihs.re.kr

국토해양부. www.moct.go.kr

기상재해정보. http://apply1.kma.go.kr

기상청. http://web.kma.go.kr

네이버 지역정보. http://local.naver.com

다음 신지식. http://k.daum.net

대구 기상대. http://daegu.kma.go.kr

대한민국 영토 이어도. http://ieodo.or.kr

독도본부. www.dokdocenter.org

동아일보. www.dongA.com

두산백과사전. www.encyber.com

드림위즈. http://my.dreamwiz.com

매일경제. http://news.mk.co.kr

머니투데이. http://stock.moneytoday.co.kr

문화일보. www.munhwa.co.kr

문화재청. http://www.cha.go.kr

부산대학교 지구환경시스템학부 해양시스템 과학 전공. http://bada.ocean.pusan.ac.kr

산림조합(≪산림≫, 2006년 7월호). http://www.sanrimji.com

샘나. http://www.samna.co.kr

서울문화사. www.ismg.co.kr

서울신문. www.seoul.co.kr

시네21. http://www.cine21.com

아빌라와 잔느엄마의 맹모지교. http://www.kizcosmos.or.kr

아산 투데이. www.asantoday.com

야후백과사전. http://kr.dic.yahoo.com

양구군. www.yanggu.go.kr

영남대학교. http://yu.ac.kr

워크홀릭. http://www.walkholic.com

월간 CEO. http://www.ceobank.co.kr

위키백과. http://ko.wikipedia.org

유용원의 군사세계. http://bemil.chosun.com

의친왕 숭모회. http://imperial.or.kr

이뮤지엄. www.emuseum.go.kr

이창호의 역사교육. http://chang256.new21.net

인터넷 한겨레. http://www.hani.co.kr

전주한옥마을. http://hanok.jeonju.go.kr

조경래교수의 전통염색 연구실. http://blog.silla.ac.kr

조인스 뉴스. http://article.joins.com

(주)비전21관광여행사. www.vision21.biz

| 한국지리 이야기 |

지리교사 김상태 · 서정훈. www.geotutor.pe.kr

철도신문. http://railnews.korail.go.kr

충주시 사이버 농정. http://www.cjfarm.net

충주 황소 황병주. www.hbj21.net

코리아 스파클링. http://www.visitkorea.or.kr

통영시 홈페이지. http://tongyeong.go.kr

통영신문. http://www.tynews.net

통일뉴스. http://www.tongilnews.com

한국 브리태니커 온라인. http://preview.britannica.co.kr

한국문화유산정책연구소. www.chpri.org

한국일보 나드리. http://nadri.hankooki.com

한국일보 뉴스. http://news.hankooki.com

해외여행 도우미. http://travellove.tistory.com

지은이 **권동희**

1955년에 강원도 횡성군 안흥면 안흥리에서 태어났다. 동국대학교 사범대학 지리교육과를 졸업하고 동 대학원에서 문학박사학위를 받았다. 서울 용문고등학교와 숭실고등학교 지리교사를 거쳐 동국대학교 사범대학 지리교육과 교수로 근무했으며 지금은 동국대학교 명예교수로 있다.

지형학을 전공한 자연지리학자로서 주전공인 화강암풍화지형 연구와 함께 '지리학의 대중화'를 위해 각별한 노력을 기울여 왔다. 한국지형학회 회장과 한국사진지리학회 회장을 역임했고 현재는 한국지형학회 고문으로 활동하고 있다.

『한국의 지형』, 『지리 이야기』, 『지형도 읽기』, 『지리정보론(GIS)』, 『드론의 경관지형학 제주』, 『여행의 지리학』, 『자연지리학사전』(공저), 『토양지리학』(공저), 『자연환경과 인간』(공저), 『사진과 지리』(공저), 『지리학 강의』(공저), 『지리학을 빛낸 24인의 거장』(공저) 등을 썼으며, 『화강암지형의 세계』를 옮겼다.

한국지리 이야기

ⓒ 권동희, 2008

지은이 **권동희** ㅣ 펴낸이 **김종수** ㅣ 펴낸곳 **한울엠플러스(주)**

초판 1쇄 발행 **2008년 10월 25일** ㅣ 초판 4쇄 발행 **2021년 3월 15일**

주소 **10881 경기도 파주시 광인사길 153 한울시소빌딩 3층**
전화 **031-955-0655** ㅣ 팩스 **031-955-0656**
홈페이지 **www.hanulmplus.kr** ㅣ 등록번호 **제406-2015-000143호**

Printed in Korea.
ISBN 978-89-460-8026-3 03980
* 책값은 겉표지에 표시되어 있습니다.